U0045890

出發吧！

從舊石器時代到觀測彗星的
飛躍科學史

說明

◉ 本書內容是以小學、中學的課本為挑選基準，除了課本之外，也挑選一般孩子必定要知道的重要知識，內容豐富充實，以期扮演第二教材的角色。

◉ 監修者為韓國現任國中科學教師（韓國科學教師會會長），內容均經其仔細確認。

◉ 排除單純以詼諧逗趣為主的漫畫元素，著眼於教養與學習，努力傳達正確資訊。

◉ 將世界的發現、發明歷史分成100個主題，讓人一目了然，並以輕鬆有趣的方式理解。

◉ 以年分與相關主題來設定內容，協助讀者掌握科學史的整體脈絡，並透過名場面的重現，讓人一眼就可看出改變科學史的世紀科學家。

◉ 在韓國，本系列包括《100堂韓國史》、《100堂世界史》、《100堂戰爭史》、《100堂科學史》、《100堂西洋哲學史》、《100堂希臘神話》、《100堂世界探險史》、《100堂美術史》、《100堂世界經濟史》等，有助於提升孩子的人文教養與學習。

出發吧！科學冒險

從舊石器時代到觀測彗星的飛躍科學史

1

金泰寬、林亨旭・著
文平潤・繪 鄭聖憲・監修

「Headplay」創作小組眼中的
《出發吧！科學冒險》

學生們透過課本學習各式各樣的科學知識，同時課本又細分成物理、化學、地球科學和生物等，讓學生們可以集中學習每一個科目的內容。

不過光是透過課本學習，一旦時間久了，就不會覺得在學校學習的科學與我們的生活息息相關，也有很多人認為科學是非常困難的領域。

現在在韓國國內搭火車，從首爾到釜山只要3個小時，我們還可以搭飛機到其他國家旅行、經由電視看到宇宙發生的現象，而且透過網路就可以掌握全世界的資訊，和世界各地的人分享意見。

直到100年前都無法想像的這一切，究竟是如何開始的呢？還有，改變人們生活的無數科學知識，又是怎麼被發現的呢？我們懷抱著這樣的疑問，希望按照時間順序將課本的科學知識傳達給孩子們，於是企劃了這個系列。

這個系列把分散於課本的科學知識依照時間順序分成100個主題、共3冊。各位在閱讀的時候，可以看到微不足道的發現改變了我們的生活，而被改變的生活又持續為歷史揭開新的一頁。

讀完這個系列之後，便能輕鬆掌握原始時代至今的重要科學流變。藉此，我們也能進一步理解，現今我們所享受到的科學發展帶來的好處，又是怎麼發生的。

金泰寬（撰文者．Headplay代表）

一如往常，我帶著畫給自己孩子看的心情創作作品。希望這能成為一本讓孩子們快樂閱讀、收穫滿滿的有益書籍。但願兩個兒子往後可以健康長大，我也會努力創作有益的漫畫。｜**繪圖 文平潤**

小朋友們覺得科學怎麼樣呢？應該不會因為覺得「科學好難！」而避之唯恐不及吧？科學其實並不難，它是人類懷抱好奇心去探索世界的過程中所產生的學問，而把努力追求富足生活的知識集結起來的學問，就叫做科學。這個系列拋出了這個基礎問題，並用合理的方式解答疑問，只要讀了這本書，小朋友們也一定會覺得「原來科學這麼有趣啊！」｜**撰文 林亨旭**

挑選顏色時，我總會苦思，怎樣看起來才會更漂亮呢？看到一本書付梓問世，真的好有成就感、好開心。那麼，就請大家帶著愉悅的心情閱讀這本書吧！｜**上色 禹周然**

《出發吧！科學冒險》包含了

歷史、數學、化學、物理！

各位小朋友，大家好！

我是替大家的學長姊，也就是替國中、高中的哥哥姊姊上科學課的科學老師。

我常心想「假如科學課本可以畫成有趣的漫畫，大家學習起來應該會更簡單一點……」結果，沒想到竟然出版了這本除了科學之外，連歷史、數學及國高中的理化都能一次學到的書，身為一名老師實在感到無比的開心。

「我們學的數學公式是誰創造的？」

「從前的人認為地球是什麼形狀？」

「牛頓看著掉到地面的蘋果，發現了什麼？」

只要讀了這本書，便會找到無數這類問題的答案。在書中，各位將會讀到與徹底改變世界的偉大發現和發明有關的生動故事。

最近書店有許多以漫畫方式呈現的兒童學習書籍，其中有故事趣味盎然的書；有比起學習效果，更偏重詼諧逗趣內容的書；也有即使畫成漫畫，讀起來依然很困難的書。但這本書卻連很難用簡單方式教導孩子的內容，都說明得趣味十足。

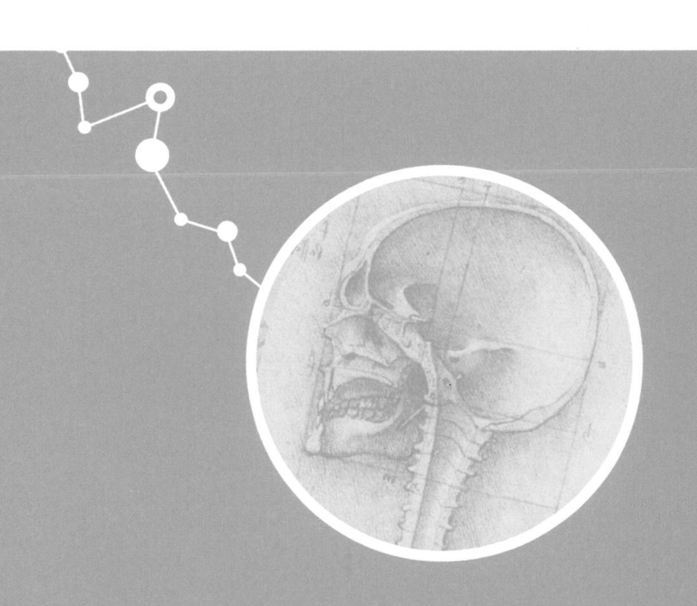

小時候曾在偉人傳記中讀過的偉大科學家、創造學校會學到的各種公式的科學家、偶然在生活中發明物品等有趣的故事，都可以在這本書中讀到。它肯定會成為幫助孩子們奠定學習基礎的寶貴資料。

要去上學、去補習，還要做功課，孩子們肩上的壓力真的好沉重。所以，我帶著盼望能為孩子們減輕一點負擔的心情，推薦這本有趣的書給大家。正如同偉大的科學家們總是渴求新事物、努力改變世界，但願各位小朋友也能茁壯成長，成為可以留心傾聽、觀察細微事物的人。

韓國科學教師會會長 鄭聖憲

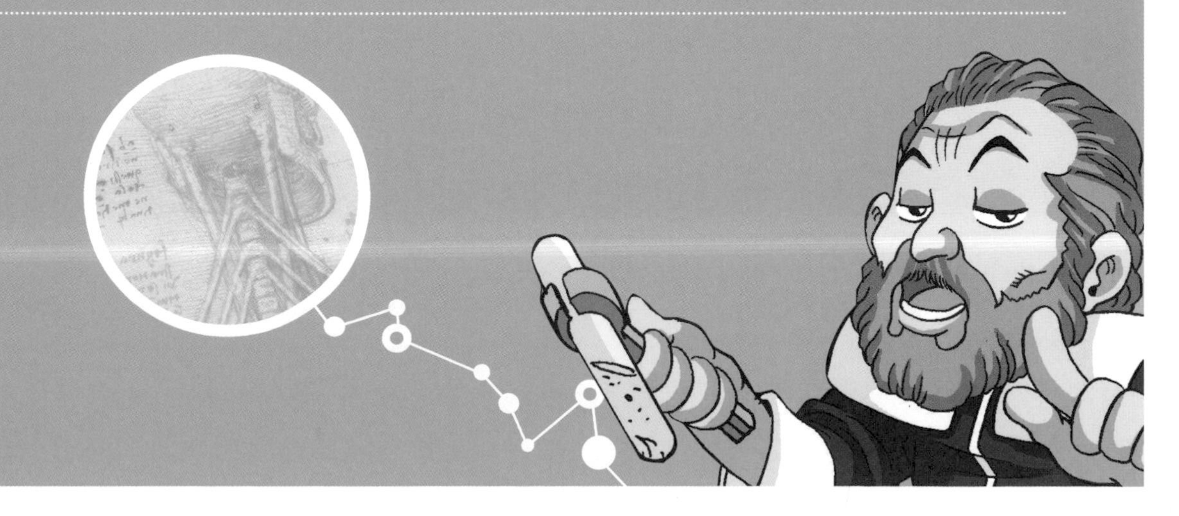

目
錄

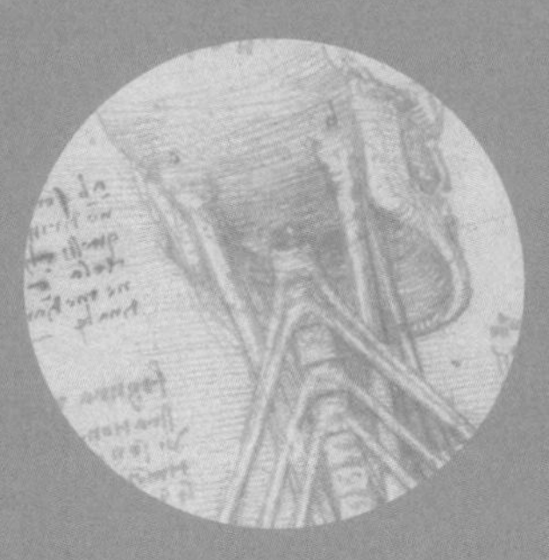

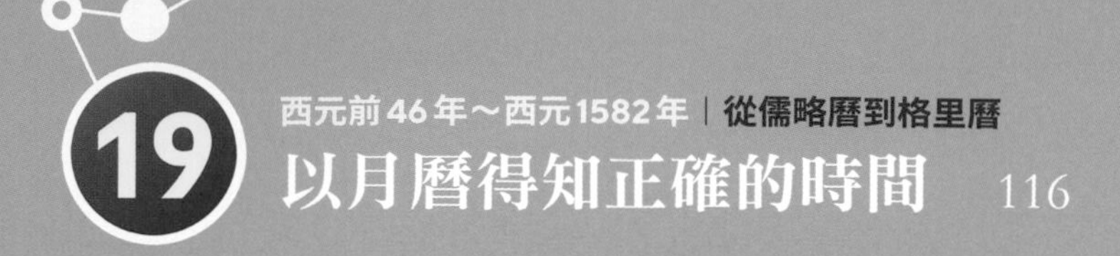

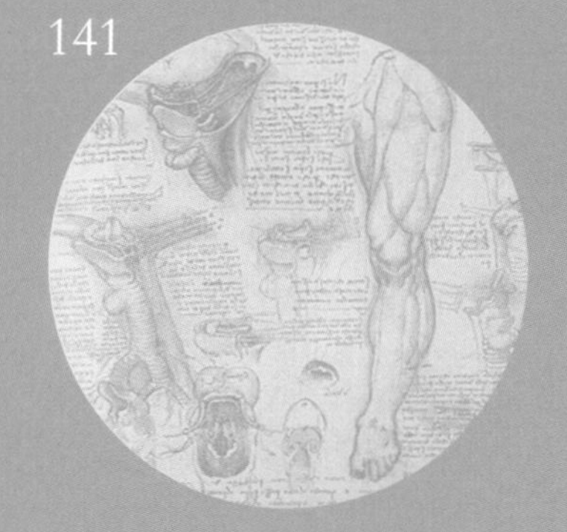

01

舊石器時代｜火的使用

世界一切的開始

哎喲！時間旅行
果然很累人。
真……真正的
愛因斯坦博士！
愛因斯坦博士
是誰啊？
這也不知道？
提出相對論、
20世紀最傑出的
物理學家啊！

喔～竟然知道我是誰，
真是個聰明的孩子。
妳叫什麼名字？
我、我叫做寶拉。
我是宇宙！
不過，您是怎麼
來到這裡的？

啊！我本來是在
利用相對論進行
時間旅行。
話說回來，
你們在學習
科學史嗎？

是這樣沒錯……
不過我連科學史
是什麼都不知道。

啊哈哈！
你們可是世界上
運氣最好的孩子。
真的嗎？
博士您親自
教導我們嗎？
可以親自向愛因斯坦
我本人學習科學史呢。
拍胸脯
當然囉！你們都說
想瞭解科學了，
我當然不能就這樣
掉頭走人啦。
我不感興趣。
不對，我就說
我連科學史是什麼
都不知道了。
不必把科學史
想得很難。

就像韓國史是韓國的歷史，
世界史是世界的歷史，
科學史就是科學發展的歷史。
是喔？

乘車旅行、在大海中潛水，
以及利用太空船飛往遼闊的宇宙，
都是透過科學發展帶來的結果。

這些東西並不是某一天
憑空掉下來的，
而是經過各種階段後
才出現的。
原來如此。

從歷史的角度去看
科學發展的階段
就叫做科學史。
嗯，
聽您這樣一說，
好像有點懂了。

到我的研究室
繼續聊吧。

研究室……
在哪裡？
在這裡！
快進來吧。

招募員工
哇！好神奇喔！

那就開始聊吧，
首先……
哎呀！
水已經滾了呢。

火要小心
使用才行。
不過你們知道嗎？
人類開始使用火，
可是科學發展史上
最重要的大事呢！

科學史和火
有什麼關係呢？
要是沒有火，
搞不好我們到現在
還像原始人一樣生活。

什麼？!

在尚未發現火之前，寒冷、黑暗及猛獸
對人類來說都是莫大的威脅。
媽媽，我好害怕！

人類在很偶然的情況下發現了火。
哇啊！
神發怒了！
※轟隆

※燃燒
哎呀，
那是什麼？
화르르

啊，好燙！
它有光芒，
像白天一樣亮耶。

可惡，他們有火。
我怕火，也討厭火。
使用透過火山、閃電、山火等
自然形成的火之後，
人類的生活有了劃時代的變化。

我昨天撲向他們，
結果全身的毛
都被燒焦了。
以後就不要隨便
招惹人類了。

火拓展了人類的
生活區域。
人太多了，
狩獵太過困難，
改去別的地方吧。

雖然天氣很冷，
但只要有火，
就能過著溫暖的
生活。

不過，幹麼到處找火？
用打火機或火柴
不就好了？
怒

啪
啪

那些東西是後來
才出現的好嗎？
人類是在很久之後
才終於知道了
取火的方法。

※啪
啊！
※咚

用石頭互相敲擊後
冒出了火花耶。
如果可以利用石子取火，
就不用到處辛苦找火了。

※咚咚

哇啊！火點著了！

能自由取火之後，
人類的生活方式有了
大幅發展。

人類把火運用在各種用途上，
其中之一就是烹調料理。
用火烤過之後，
肉變得特別美味！

這樣雖然很棒，
但曬乾後就可以
長期儲存起來吃了。
這樣正好，
不然生肉放太久
會壞掉。

真是的，
一下子就碎了。
這次乾脆
不要放在
陽光下曬乾，
用火烤看看吧。

咦？用火烤過之後，
變得更堅固了！

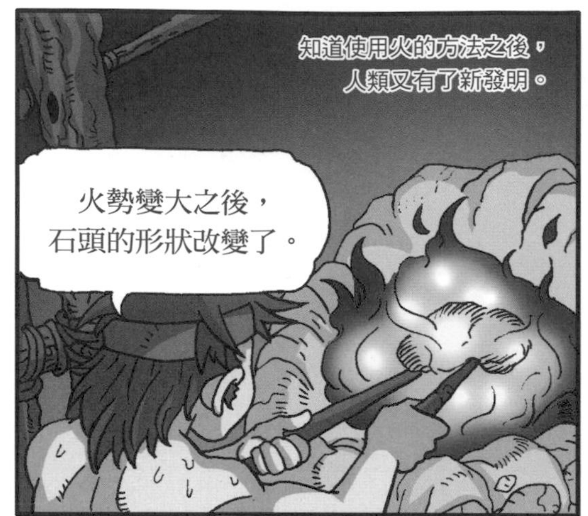
知道使用火的方法之後，
人類又有了新發明。
火勢變大之後，
石頭的形狀改變了。

啊！
這個更強耶！
※鏘

發現金屬之後，人類利用它
製作了飾品和武器。
哈哈！從現在開始
我就是老大啦！
竟然有
這麼強的武器……
我們輸了。

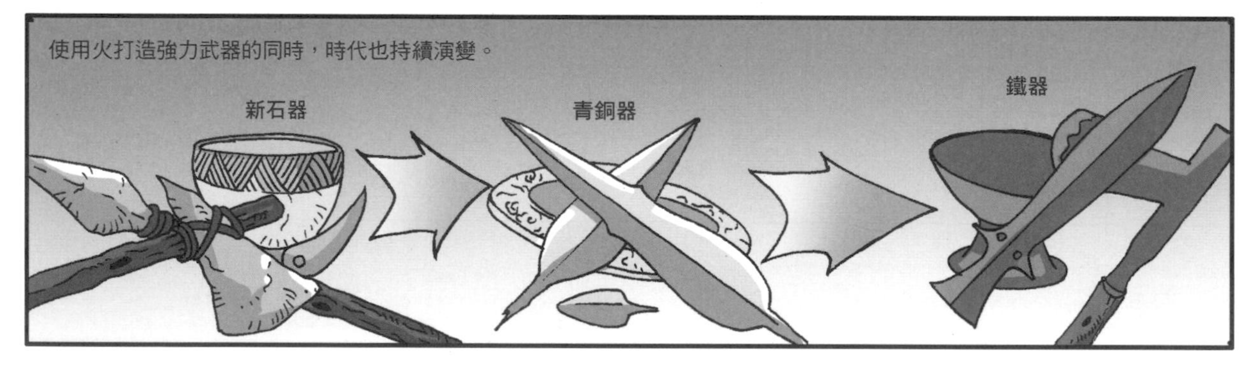
使用火打造強力武器的同時，時代也持續演變。
新石器
青銅器
鐵器

擁有較強武器的部落
征服了其他部落，
發展為古代國家。

※哇啊啊啊啊

※抖抖抖抖
要是沒有火，
也許人類的歷史
就不可能得到發展。
火真的幫了人類
很大的忙呢。

但人類卻把火視為理所當然，
沒領悟到它的重要性。

※抖抖抖抖
嗯……
被視為理所當然的東西，
意義竟然如此深遠！
?

哇啊啊啊啊！
宇、宇宙，
你怎麼了？

哇啊！博士！
請多說一點，
這真是太有趣了！
喔、喔，好。
這小子
是吃了鞭炮嗎？
嗓門大成這樣。

02

約西元前3500年

輪子的發明

小小的圓 **改變了世界**

*摩擦力：物體與接觸面之間，產生妨礙物體運動的一種力量。

沒有輪子的時候
怎麼辦呢？
嗯……必須
自己用雙手
搬運吧。

有了家畜之後，
就能載更多行李了。
人們利用家畜，
輕鬆搬運許多行李。

不過使用家畜搬運
也有限制。
飼養家畜的成本
實在太過高昂，
有沒有什麼好方法？

如果可以像
搬運伐木一樣輕鬆，
那該有多好。

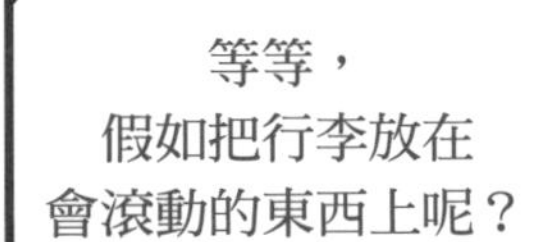
等等，
假如把行李放在
會滾動的東西上呢？

把這個安裝在
木板兩側就搞定了。

※沙沙沙沙

就這樣，蘇美人發明並開始使用
裝有輪子的車子。
一頭牛再加上
裝有輪子的車子，
可以抵上好幾頭牛！

但是使用木頭
製成的輪子太重了，
要是能改良一下就好了。

西元前2000年左右，亞述人發明了
中間挖空的輪子，應用在戰爭上。
輪子變輕就可以
跑得更快了，
展開突襲！哈哈哈！

後來到了1888年，登祿普發明橡膠輪胎後，
產生了劃時代的變化。
※哇啊啊
輪子太硬了，孩子老是受傷，
有沒有能更安全騎自行車的方法呢？

有了！
就像幫足球
充氣一樣，
先替橡膠管充氣，
再把輪子
包覆起來呢？

我的想法果然沒錯！

把橡膠輪應用於汽車上之後，
汽車也成了主要的交通工具。

進入1900年代後，
使用輪子的移動工具有了大幅發展。
哇！好快啊！

這些移動工具使地區之間變得更近，
也縮短了往來時間。
過去從北到南
得要花上半個月。
現在只要3小時
就到了！

現今的移動工具，
是與文明同步發展出來的。

假如移動工具
缺少了輪子，
人類文明大概也會
發展得很緩慢。
是呀，
博士說得沒錯。
輪子真是
了不起的發明啊！

03 西元前16世紀 | 時鐘的登場

使用**太陽和水**
來測量**時間**

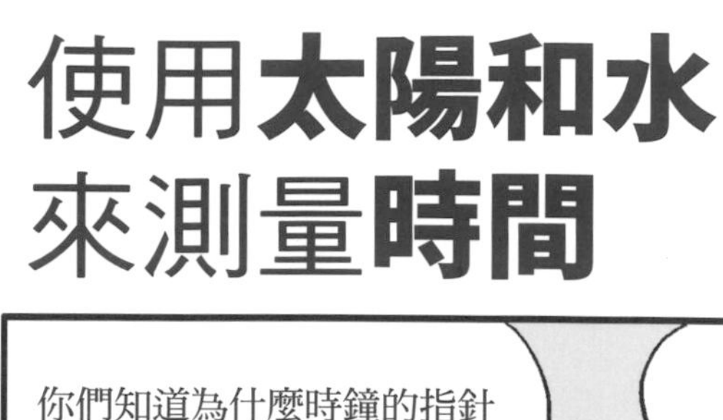

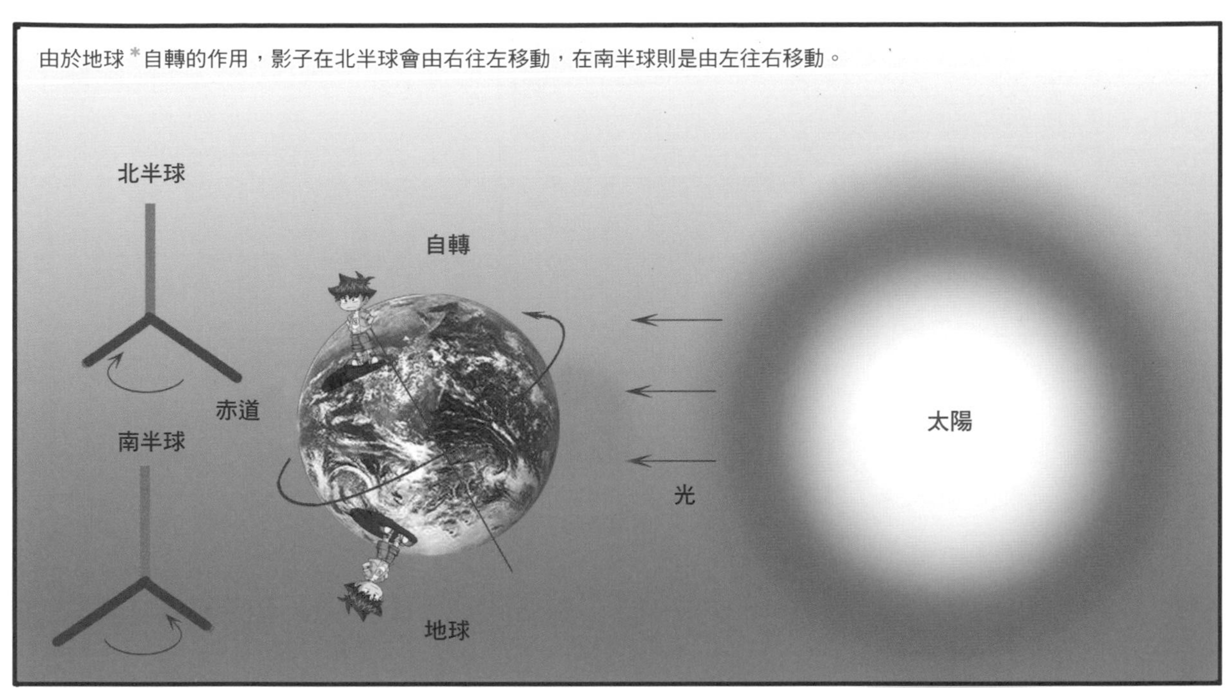

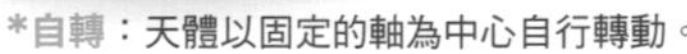
*自轉：天體以固定的軸為中心自行轉動。

大約在西元前1600年，巴比倫製作了隨時都能使用的水鐘。
白天流下這些水差不多要2小時，也就表示吃完晚餐已經過了2小時。

4世紀左右，發明了與水鐘類似的沙漏。
沒有牙齒，就用牙齦；沒有水，就用沙子製作時鐘。

後來，伽利略發現了單擺的等時性，讓時鐘有了更進一步的發展。
看到這個軸在擺動了吧？
這個來回擺動一次的時間是固定的，這就叫做「單擺的等時性」。

荷蘭的科學家惠更斯應用這個理論，製作出擺鐘。
這是我製作的擺鐘。

它也減少了過去時鐘所產生的時間誤差。
怎麼樣？我的理論有幫上忙嗎？
當然啦。

後來到了20世紀，使用電力的
時鐘、電子錶等相繼出現，
鐘錶變得更加精密了。
12:00
01

甚至還發明了銫原子鐘，
300年僅有1秒的誤差。

23:59:59
時鐘雖然是一項
告知時間的簡單物品，
但蘊含其中的概念
卻一點都不簡單。

時間被用來解釋
天文學與物理學的
無數法則。
月亮
地球
太陽

換句話說，
時間是所有科學中
不可或缺的基本概念。
$\vec{F} = \frac{d}{dt}(m\vec{v})$
是！

約西元前15世紀｜玻璃的發明

無數科學發現的基礎——工藝品

這個是什麼？
滿漂亮的。
根據推測，玻璃可能是5000年前原始人在使用火燒製陶器的過程中偶然發現的。

直到約西元前15世紀，埃及才正式開始製造玻璃。
嗯，不如就像製造這顆珠子一樣，打造成飾品看看？

啊！好時髦，法老王一定會很喜歡。

哇，就像閃閃發亮的寶石一樣。

當時用玻璃製作的，大部分都是貴族喜愛的藝術品。

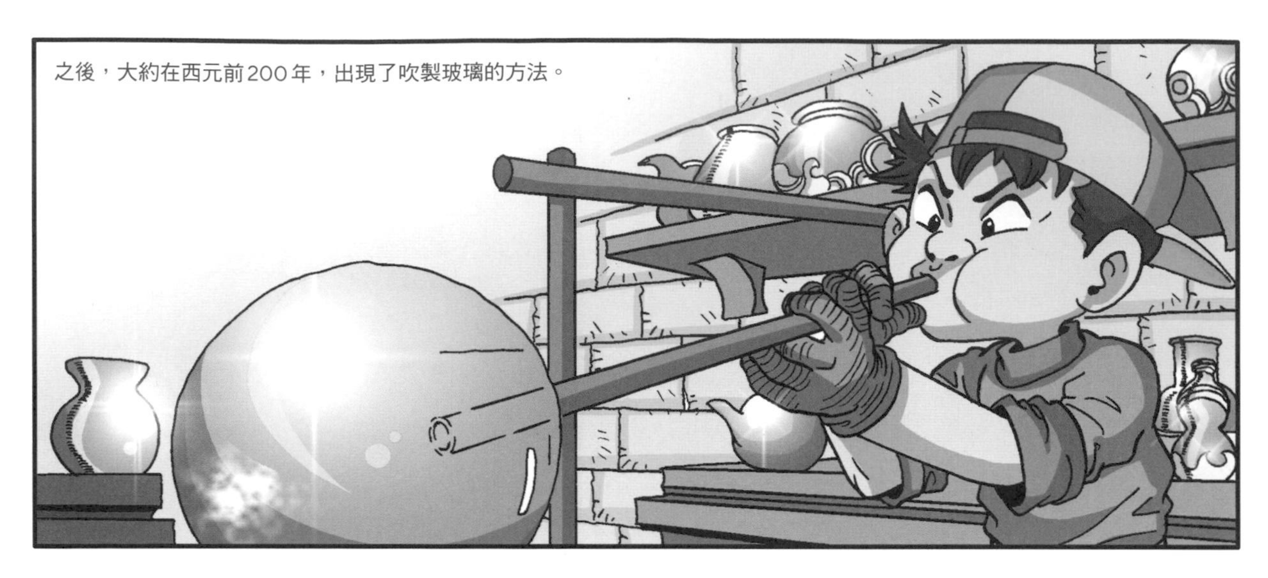
之後，大約在西元前200年，出現了吹製玻璃的方法。

有了這項技術就能輕鬆
製作出玻璃製品，
一般人也可以擁有玻璃製品。
真的好漂亮喔。
我彷彿搖身
變成了貴族，
呵呵呵！

平板玻璃也是在當時發明的。
平板玻璃是什麼？
裝在窗戶上的
就是平板玻璃。

隨著時間流逝，
玻璃重新誕生為
更先進的劃時代物品了。
呼

哦？
把玻璃製作成
圓弧狀之後，
東西看起來
變大了呢！

嗯……這個應該能
幫助視力不好的人。

眼鏡就這麼誕生了。
怎麼樣？
哦！竟能看得
這麼清楚！

鏡片出現之後，
對科學史帶來了
莫大的影響。

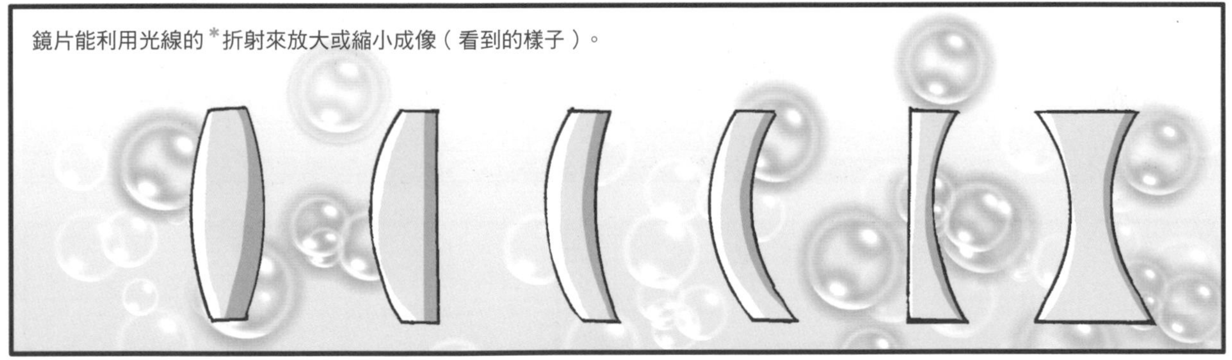
鏡片能利用光線的*折射來放大或縮小成像（看到的樣子）。

*折射：光被彎折的現象。

根據玻璃的角度，可以分成凹透鏡與凸透鏡。
凹透鏡
凸透鏡

凸透鏡可以讓小的物體看起來變大，
例如放大鏡。
焦點

凹透鏡可以讓大的物體看起來變小，
但是成像範圍會廣一點。
近視的人戴的眼鏡就是使用凹透鏡。
焦點

※唰啦啦啦啦啦

透過這項技術，
科學史上誕生出了
非常重要的發明。

那就是望遠鏡和顯微鏡！

這玩意是
用在哪裡的啊？
這也不知道？

這就由我來
說明吧。
望遠鏡不僅能看到
遠方，還能看到
宇宙的星星。
※砰

這個顯微鏡能讓我們
看到肉眼看不見、
非常微小的東西。
※砰

我才是這裡的主角，
你們快點離開！
到後面再替你們說明。
※噠噠噠噠噠

假如沒有
望遠鏡和顯微鏡的話，
那會怎麼樣呢？

哎呀！
原來玻璃在科學史上
占了這麼重要的地位啊。
賓果！

也許科學史上的
一些重要發現，
例如行星或細胞等等
就無法發現了吧。

05

西元前6世紀｜畢氏定理

開啟邏輯證明的世界

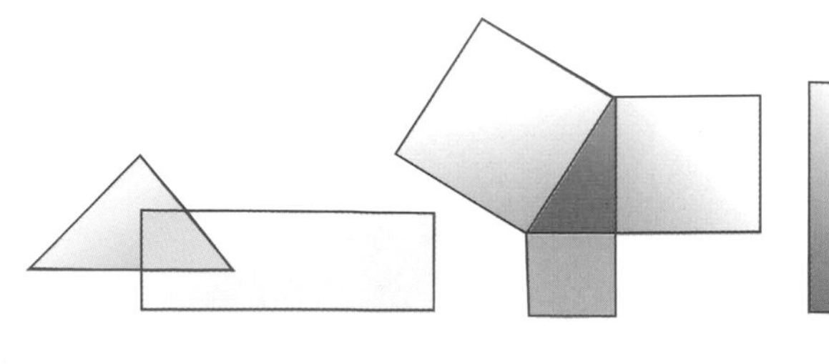

*60進位法：以60為一單位進位的記數系統。

畢達哥拉斯出生於愛琴海的薩摩斯島，
他在當時知名學者的底下學習。
畢達哥拉斯，
你懂了嗎？
是的，老師！

據說他之後周遊埃及與巴比倫，學習了各種學問。
Danube
Sardis
LYDIA
CYPRUS
Euphrates
Nineveh
Ecbatana
MEDIA
Babylon
Susa
ARABIA
Samarkand
SOGD
NDIA

回到薩摩斯島的他，
開始當起了教師。
嘖，連個學生
都沒有。

有了，
可以這樣做。

孩子，假如你來上課，
我就給你錢。
好！

○○就是○○。
哇，好有趣！！！

課程結束。我沒錢給你們了，所以明天可以不用來了。
老師的課很有趣耶……
※拍打

那我們從明天開始付錢給您。
對啊，老師，請繼續替我們上課吧。
這樣啊。
太好了！

之後，他來到義大利東南部一個名為克羅托內的小村莊，創立了畢達哥拉斯學派。
想學習數學的人到這裡集合！
我！
我也要！

畢達哥拉斯學派的想法非常獨特。
各位，萬物的根源正是數字。
畢達哥拉斯說的沒錯。
嗯，沒錯！

只有上帝和數字一樣完美。
1 2 3..

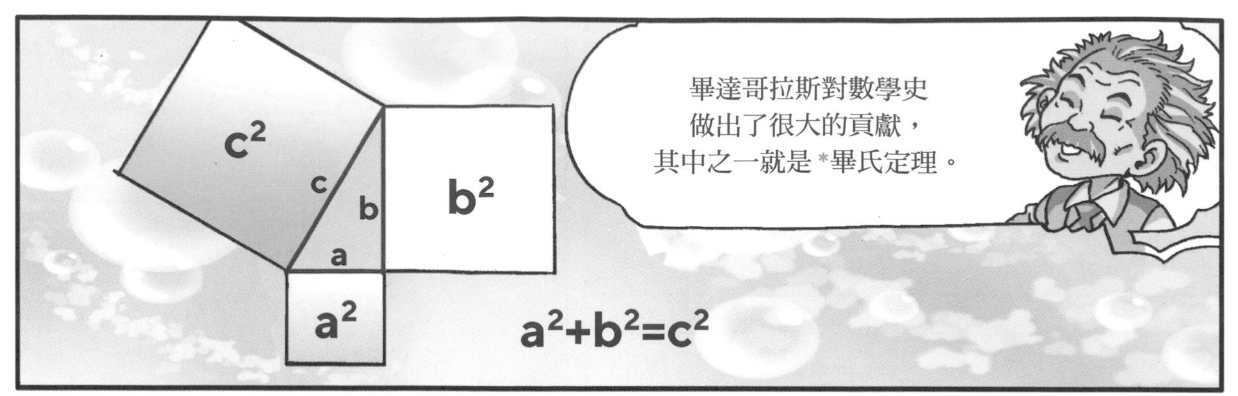

*畢氏定理：由直角三角形的斜邊形成的正方形面積，等於以另外兩邊為邊長所構成的正方形面積總和。

這傢伙！竟敢洩露
我們的祕密！
啊！我錯了！

為了守護祕密，畢達哥拉斯學派的人
不擇手段。
※撲通

儘管如此努力，無理數的存在依然傳了出去。
聽說有個連畢氏定理
都無法說明的數字？
我也聽說了。

最後，畢達哥拉斯學派只能承認
無理數的存在。
對啦，有啦！

畢達哥拉斯創造出許多數學概念，直到現代，
仍有眾多數學家繼續鑽研他的研究成果。

06

西元前5世紀｜希臘的原子論

探索萬物的根本

*萬物：世界上的所有東西。

其中有學者主張，萬物的根源是水、空氣與火等等。
萬物的根源是水。
胡說八道！萬物是由空氣組成的。
哼！萬物的根源是火！而且萬物會不斷改變。

他們的出現也開啟了自然哲學的時代。
萬物的根源不是神，而是大自然！

這時，物理學的基礎——德謨克利特的古典原子論出現了。
原子這個字來自於古希臘語的「atomos」，是「無法分裂」的意思。

據說他在年輕時遊歷地中海，累積了廣博的知識與經驗。

大家都稱他為「Sophia（智慧）」。
有時，也會有人稱我為「微笑哲學家」。

德謨克利特主張的原子論如下所示。
• 世界上存在的一切物質，都是由無法分割的無數粒子（原子）組成的。
• 原子不變不滅，既不會產生新的原子，原子也不會消滅不見。
• 透過原子的結合、分離，可形成自然界的各種現象。

這在當時是屬於非常大膽的理論，也很接近現代物理學。
嗯，舉例來說……

這根木頭燃燒後會完全消失嗎？
NO!!!

只是組成木頭的原子，在木頭燃燒之後分散開來罷了。
前
後

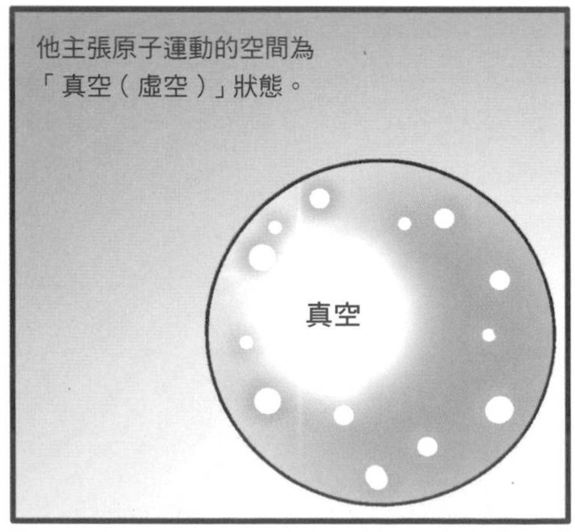
他主張原子運動的空間為「真空（虛空）」狀態。
真空

真空在當時是非常前衛的概念，
就連亞里斯多德都加以否定。
虛空的存在根本是
矛盾的概念，你能證明
這個理論嗎？
原子又看不到，
要怎麼證明？

直到18世紀，才有科學工具
能夠觀察原子並進行實驗。
要是有實驗工具
就好了……

最後，這個被埋沒2000多年的
理論，被後世的科學家
重新發現了。
由我來證明
前輩的理論是正確的。

我發現了放射性元素，
得到了諾貝爾獎。
哦！恭喜妳啊。

只靠思考就建立起如此卓越的原子論架構，
這個人就是德謨克利特。
謝謝大家。

※啪啪啪啪啪啪

西元前5世紀
｜醫學之父希波克拉底

開啟合理治療的時代

從前的人認為，生病是因為受到
神的懲罰。
孩子啊，
振作一點。

所以生病的人會請
侍奉神的神職人員治療。
請賜予神的祝福，
治好這個孩子吧。
我明白了。
嘻嘻！真笨啊。
這次該開口
要多少呢？

神啊，
請賜予祝福吧。
讓這些人的病
痊癒吧。

希波克拉底無法容忍這種欺騙的行徑。
生病並不是因為
神發怒了！

那你就讓我看看
什麼是神的憤怒。
你這傢伙！是想領受
神的憤怒嗎？

我會替你治病，
跟我來。

病人這麼多，
我一個人沒辦法
治療所有人。

當時出現了具有邏輯性的醫學，
強調有系統的觀察與推論等等。
這是感冒。
吃下這個藥、好好休息，
幾天後就會痊癒。
謝謝您。

身為醫生的我們，
有保護病人的義務。
希波克拉底和志同道合的醫生們
齊心協力。
沒錯，我們絕對無法容忍
不懂治療方法的神官
藉此中飽私囊！
正是！

希波克拉底學派就此誕生了。

為了瞭解病因，
不但要知道病人的職業，
也要知道他的家人
和生活環境。

*四元素說：世界是由土、水、火、風形成的理論。

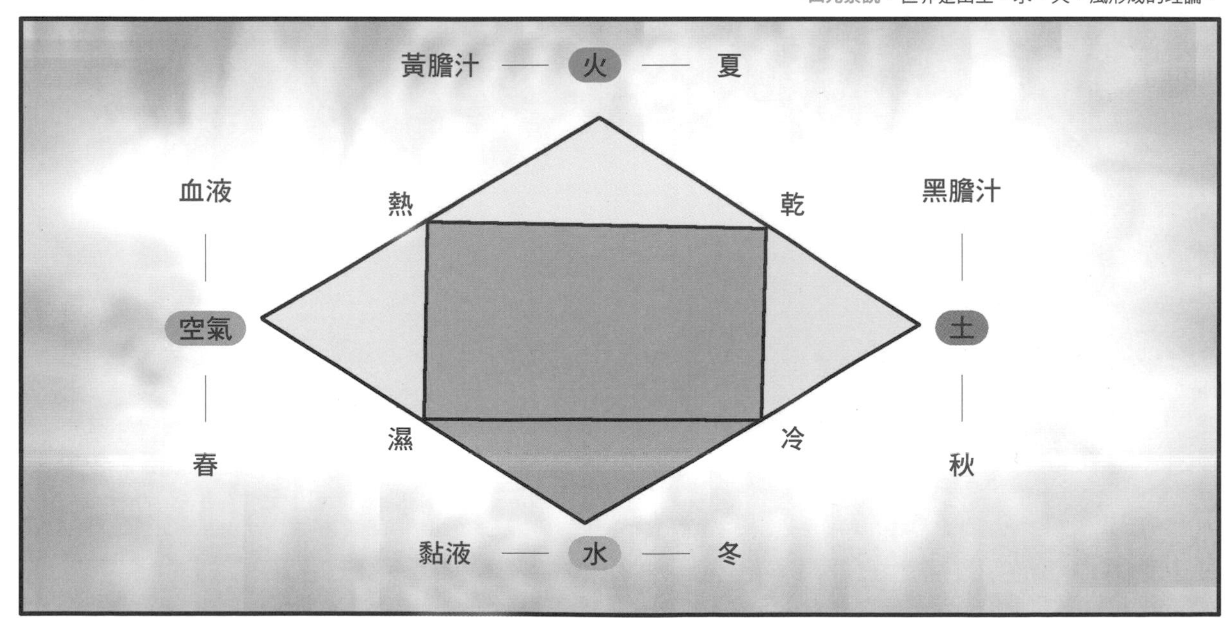

他認為醫生的義務在於幫助病人恢復調和與平衡的狀態。

人本來就具有自然治癒疾病的基本力量，醫生只是從旁協助而已。

這些理論的內容就記載在約70本的《希波克拉底全集》裡。

全集

全集

他的理論來自於有系統且有邏輯的想法，具有深遠的意義。

後來在《日內瓦宣言》中修訂了許多部分。

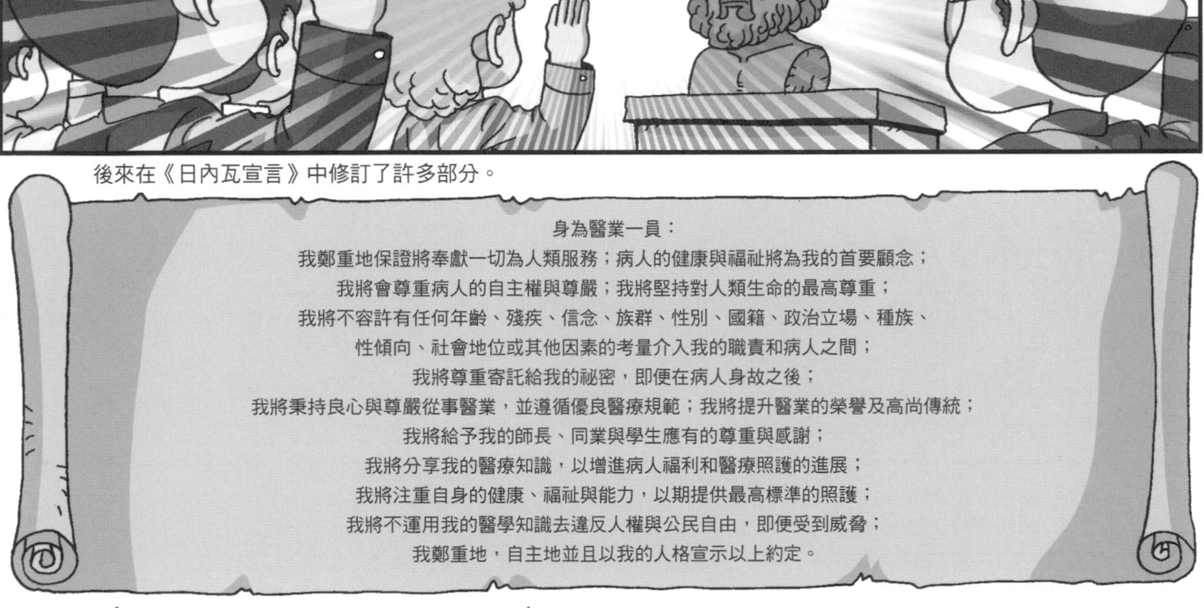

身為醫業一員：
我鄭重地保證將奉獻一切為人類服務；病人的健康與福祉將為我的首要顧念；
我將會尊重病人的自主權與尊嚴；我將堅持對人類生命的最高尊重；
我將不容許有任何年齡、殘疾、信念、族群、性別、國籍、政治立場、種族、
性傾向、社會地位或其他因素的考量介入我的職責和病人之間；
我將尊重寄託給我的祕密，即便在病人身故之後；
我將秉持良心與尊嚴從事醫業，並遵循優良醫療規範；我將提升醫業的榮譽及高尚傳統；
我將給予我的師長、同業與學生應有的尊重與感謝；
我將分享我的醫療知識，以增進病人福利和醫療照護的進展；
我將注重自身的健康、福祉與能力，以期提供最高標準的照護；
我將不運用我的醫學知識去違反人權與公民自由，即便受到威脅；
我鄭重地，自主地並且以我的人格宣示以上約定。

西元前4世紀
亞里斯多德的自然哲學

地球是圓的

他進入柏拉圖成立的學院，
成為了他的弟子。
那孩子真了不起，
繼承我的衣缽
也沒問題。

但是，他提出了反對老師的理論，
於是被逐出雅典。
老師已經駕鶴西歸了，
就把那傢伙趕走吧！
沒錯！

他前往勒斯博島，進行動物研究。

當時的哲學家都只靠頭腦進行研究，
但亞里斯多德不一樣。
自然科學應該
用看的、用聽的，
直接去感受。

他透過直接觀察，努力建立
重視經驗的自然科學觀。
光用想的能看到什麼？
想得知真理的話，
就必須靠觀察！

他將超過500種動物分門別類，成為名留青史的動物學先驅。
以為我就只懂這些嗎？
我往後要發表的，
可是多到數不完呢！

不久後，馬其頓國王請亞里斯多德
擔任王子的家庭教師。
我是王子殿下的
家庭教師，名叫
亞里斯多德。
要成為國王的人
讀什麼書？使喚
下面的人做就好啦。

起初，被後世稱為亞歷山大大帝的王子
也很討厭上課。
抓到我，我就乖乖
上課！哈哈哈！
王子！哎喲！
※跌一跤

亞里斯多德對王子的行為大失所望，
雖然想就此放棄，但在國王強烈的懇求下
改變了心意。
那小子一開始不是這樣的，
能讓他浪子回頭的人
就只有你了。
臣明白了。

我的優點就是擁有
鍥而不捨的韌性，
來看看誰會贏吧。

不要！
我討厭上課！

王子，你不是說
被我抓到的話，
就要乖乖上課嗎？
好，一言既出，
駟馬難追，
今天就上課吧。

亞里斯多德依然很努力想要好好
教導王子。

老師您贏了。

今天您要教我
什麼呢？
我今天
要教你數學。

亞歷山大大帝能夠建立帝國，
都是多虧了亞里斯多德這名偉大的老師。

他再次回到雅典，接受國王的援助，設立了「呂刻昂學院」。
請收我當弟子。
對啊！
聽說他是
亞歷山大大帝的
老師！

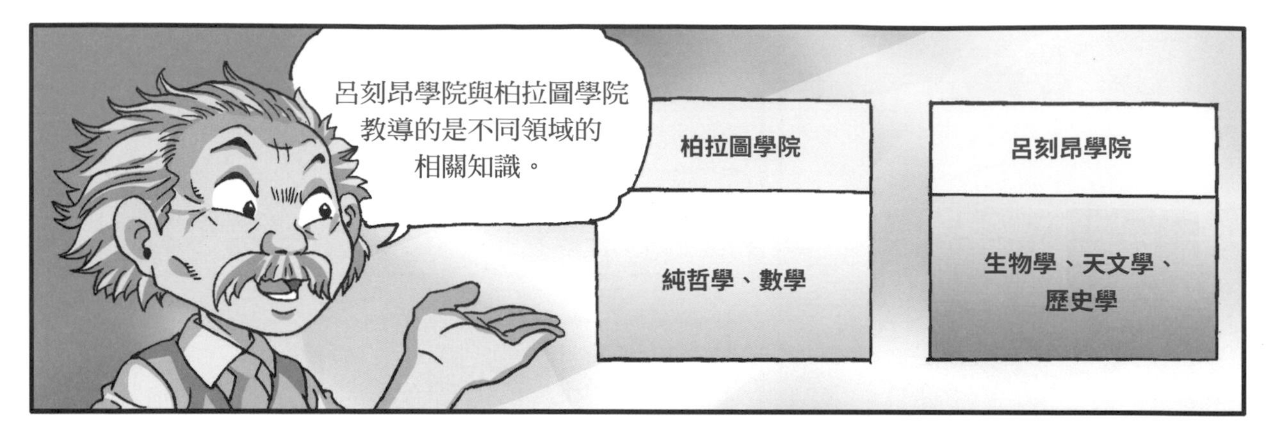

呂刻昂學院與柏拉圖學院
教導的是不同領域的
相關知識。
柏拉圖學院
純哲學、數學
呂刻昂學院
生物學、天文學、
歷史學

不過，當時的人並不認為地球是圓的。
跑到海洋的盡頭
可能會掉下去。
嗯……支撐地盤的動物
會有多龐大呢？

而打破這種刻板觀念的人
就是亞里斯多德。
嗯，那是怎麼
發生的呢？

地球
月亮
太陽光線
太陽
我知道日食是因為
月亮繞著地球運轉，
遮住了太陽，
所以才會產生影子。

但月亮究竟是被
什麼的影子遮住，
才會看不見呢？

太陽
地球
半影
月亮
本影
也就是說，
遮住月亮的影子，
不就是地球嗎？

我發現地球的
形狀啦！
什麼？!
真的嗎？

遮住月亮的就是地球的影子！
換句話說，地球是圓的！

亞里斯多德透過觀察發現地球是圓形的，
可說是前所未有的理論。
真是偉大的
發現！
不愧是
亞里斯多德！

哇！我都不知道，
原來亞里斯多德是這麼
了不起的天才！
什麼嘛，剛才不是說
跟亞里斯多德很熟嗎？

我是說名字很熟，
但當然不知道他發現了
什麼啊，嘿嘿。
哼
真是的。

西元前4世紀｜幾何學

立下數學思考的基礎

為了準確測量土地，
幾何學就此誕生了。
經過計算，
這樣畫線就沒錯了。

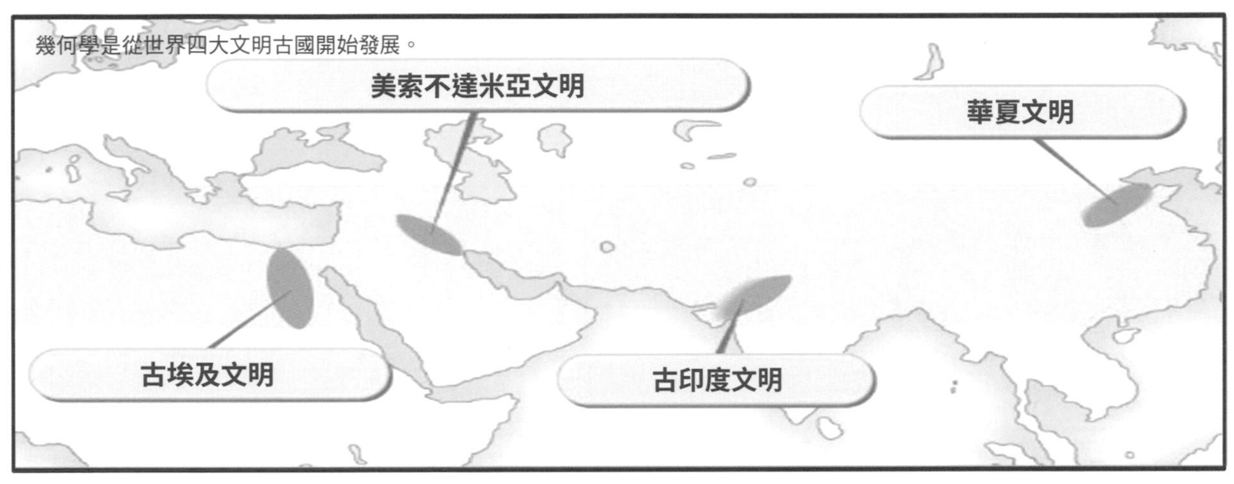
幾何學是從世界四大文明古國開始發展。
美索不達米亞文明
華夏文明
古埃及文明
古印度文明

希臘人繼承了四大文明的幾何學，
做更進一步的研究。
大家都稱呼我為
幾何學的創始人。
泰利斯

接著，歐幾里得登場了。
亞里斯多德為科學史
寫下新的一頁，
我則為幾何學帶來了
重大影響。

能夠瞭解神
和宇宙的學問，
就是幾何學。
在希臘學者的努力之下，
幾何學發展為一門
正式的學問。
emia
柏拉圖

歐幾里得以蒐集眾多資料、
為數學建立系統而聞名。
只要有這些工具，
任何資料都能
輕鬆解決。

看到這個點和這條線了吧？
這就是幾何學當中
最基本的概念。

只要善用這些基本原理，
就能創造數不清的數學題目，
也可以解題。

我就是靠著解開問題，
才發現了這些絕對不會
改變的定理。

這就是
10個公設與公理。
公設
1. 從任一點到另一點可畫一條直線。
2. 直線可以向兩端無限延伸。
3. 任給一圓心及半徑可以畫圓。
4. 凡直角皆相等。
5. 如果一直線與兩直線相交，且同側所交兩內角之合小於兩直角，則兩直線無限延長後必相交於該側的一點。
公理
1. 等於同量的量彼此相等。
2. 等量加等量，其和相等。
3. 等量減等量，其差相等。
4. 能重合的物，彼此相等。
5. 全體大於部分。

哇啊！
數學果然很難！
好像懂，
又好像不懂……

原來妳也有不懂的地方啊，哇哈哈！
※冒火冒火

※砰
哈哈哈！這些問題，等你們長大一點就都會懂了。
但確實是有些比較困難的部分。

公設 5. 如果一直線與兩直線相交，且同側所交兩內角之合小於兩直角，則兩直線無限延長後必相交於該側的一點。
因為有些公設是直到19世紀，才發現它們有缺陷。

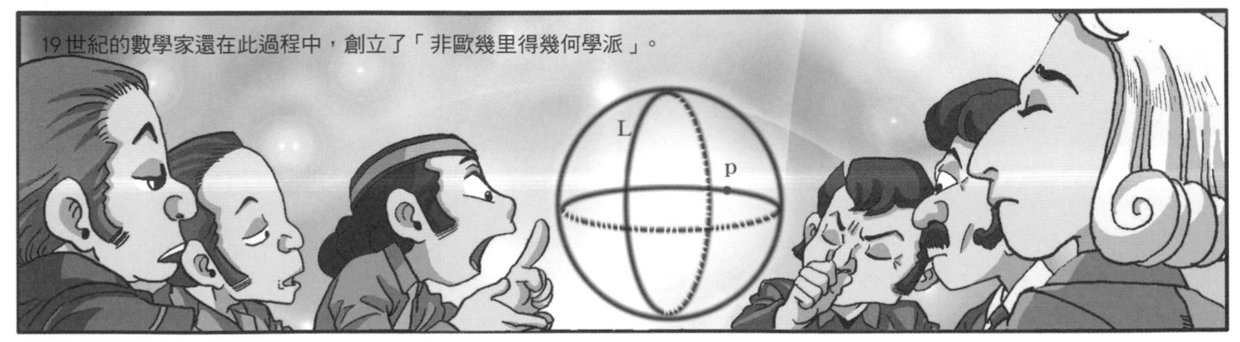
19世紀的數學家還在此過程中，創立了「非歐幾里得幾何學派」。
L
p

雖然他的其中一個理論錯了，後來分成了兩派，
但這樣就已經很了不起了。
歐幾
里得派
非歐幾
里得派

歐幾里得與幾何學之間有一則有趣的軼事。
有沒有比較容易學習
幾何學的方法啊？

既然提到幾何學，
就無法不提及歐幾里得
這個名字，
代表他就是
這麼偉大。

陛下！

我是說……，就像朕可以走王道，
學習幾何學是不是也有捷徑……
學習幾何學
並沒有捷徑。

還有一件軼事，發生在歐幾里得擔任大學教授的時候。
學了幾何學後，我可以得到什麼呢？

什麼？
嘖嘖，丟枚銅板給那小子吧。

那小子只要學了什麼，就希望能獲得相應的回報，所以好歹要給他枚銅板吧。

歐幾里得是在教導弟子，學問不只是實用的東西，學問本身也具有價值。
唉！這些人都半斤八兩，只想不勞而獲。

他如此重視學問的態度，不正是促使幾何學發展的原動力嗎？
就是說啊！跟某個對讀書不感興趣的人完全不一樣。

▼ **惠更斯** Christiaan Huygens

荷蘭物理學家、天文學家，發現土星環的存在，
並發明了折射望遠鏡、擺鐘。
還創立了光的波動說，確立「惠更斯原理」。

01 世界一切的開始

02 小小的圓改變了世界

03 使用太陽和水來測量時間

舊石器時代
火的使用

約西元前3500年
輪子的發明

西元前16世紀
時鐘的登場

改變世界的科學家們 1

西元前4世紀
幾何學

西元前4世紀
亞里斯多德的自然哲學

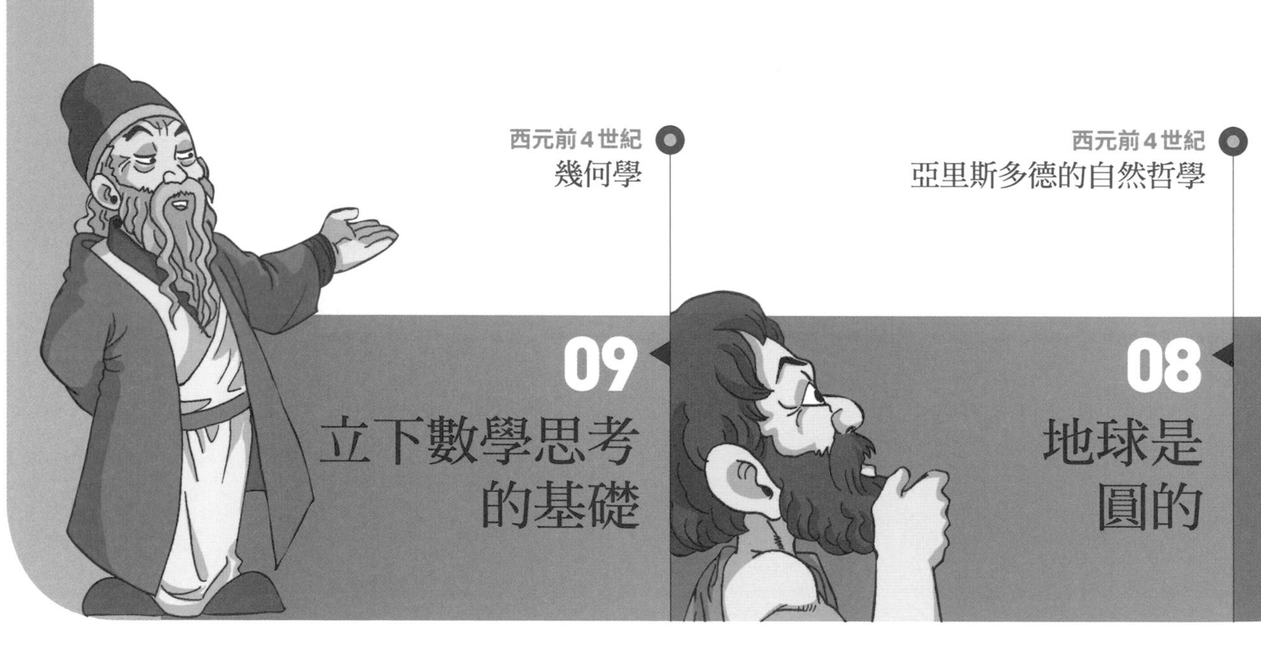

09 立下數學思考的基礎

08 地球是圓的

▲ **歐幾里得** Euclid

古希臘數學家，被譽為「幾何學之父」。
歐幾里得樹立了幾何學的體系，
著有《幾何原本》。

▲ **亞里斯多德** Aristoteles

古希臘哲學家，柏拉圖的弟子，同時也是亞歷山大大帝的
老師。開創逍遙學派，為中世紀經院哲學與後世學問
帶來很大的影響。

▼ 畢達哥拉斯 Pythagoras

古希臘哲學家、數學家、宗教家，認為數字是萬物的根源，
並發現了「畢氏定理」。在數學領域貢獻良多，
不僅影響柏拉圖、歐幾里得，其影響力甚至擴及近代。

04 無數科學發現的基礎——工藝品

約西元前 15 世紀
玻璃的發明

05 開啟邏輯證明的世界

西元前 6 世紀
畢氏定理

西元前 5 世紀
醫學之父希波克拉底

西元前 5 世紀
希臘的原子論

06 探索萬物的根本

07 開啟合理治療的時代

▲ 希波克拉底 Hippocrates

古希臘醫學家，有「醫學之父」之稱。主張人體具有自然治癒疾病的能力，將自然視為治療的基礎原則。

▲ 德謨克利特 Democritus

古希臘自然哲學家，確立古典原子論，主張萬物是由原子構成，他的學說為後來的唯物論起了開端。

10

約西元前250年
阿基米德原理

光著身體大喊「尤里卡！」

黃金王冠的軼事
就很有名。
我命人將100枚金幣融化，
製作了這頂王冠，
可是傳聞製作王冠的傢伙
在裡頭摻了銀。
您將它和
100枚金幣的
重量比較過嗎？

那當然，
重量一模一樣，
有沒有方法查得出來？
請您給我
幾天時間。

回到家之後，阿基米德苦惱了好幾天，
仍然找不到方法。
啊啊！
我完全沒頭緒！

我該去洗澡了。

※嘩啦啦
水？

父親泡澡時，水沒有溢出來，
我進來泡澡後，水就滿出來了。

*尤里卡（Eureka）：「我發現了」之意。

這個現象是因為物質的
密度差異所造成的，
這就叫做阿基米德原理。
密度？
密度是什麼？

你連這都不知道？
妳知道？
快告訴我！

妳也不知道嘛，
不懂還裝懂！
啊，知道是知道……
但要說明的話……

※嘿嘿

舉例來說，密度高
就代表粒子很密集，
密度低則是代表
粒子很鬆散。
密度高
密度低

密度指的是
構成某種物質的
粒子密集程度。
你們別再吵啦。

但是，構成物質的粒子會根據物質的不同，而有不同的形貌。

意思是，就算重量相同，密度也會不同。
我發現將密度不同的物質放入水中，溢出的水量會各不相同。
放入黃金時溢出的水量 > 放入銀時溢出的水量

也就是說，因為金和銀的密度不同，所以推擠出來的水量也會不同！
看來宇宙也已經理解啦。
※啪

聽完博士的說明，一下子就茅塞頓開。

西元前212年，阿基米德的祖國敘拉古被羅馬征服了，但是……
你給我過來！司令官說要見你。
安靜！我現在要先解開這個！

這老頭子
竟敢無視我的話！
呃！

羅馬軍司令官
為阿基米德的死感到惋惜，
替他建了一座墓。
※阿基米德

真是太可憐了。
怎麼可以把全心
投入研究的老爺爺……！

因為他滿腦子
都只想著研究學問。
我滿腦子都只想著
那個黃金獎盃。

好！拿去吧。
哇啊！
是黃金獎盃！
謝謝您！

反正是假的。
※心碎

西元前240年～西元前230年
| 地球的大小

用影子算出地球的大小

*夏至：一年之中白天最長的日子。

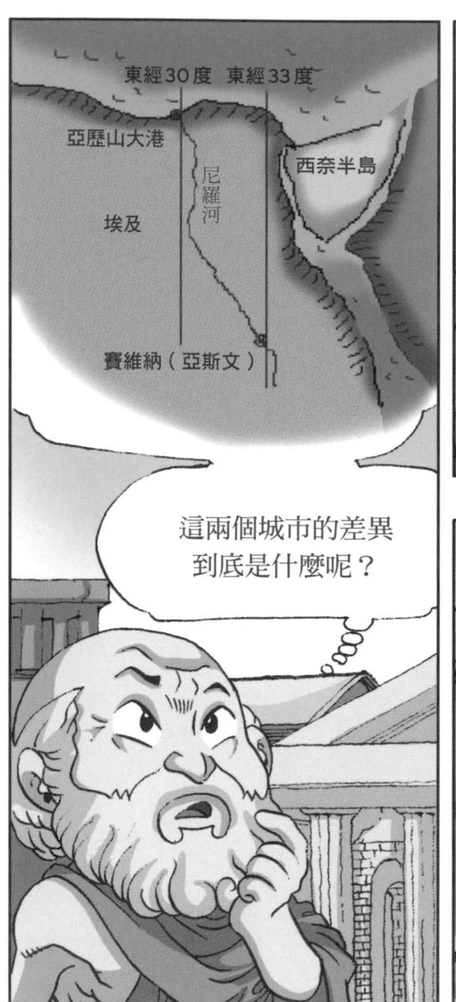
東經30度 東經33度
亞歷山大港
尼羅河
西奈半島
埃及
賽維納（亞斯文）
這兩個城市的差異
到底是什麼呢？

經歷長久的研究，他終於找到了答案。
哎呀！
※咚

※喀啦啦

亞里斯多德老師說過，
地球是圓的！
沒錯，
就是這個！

陽光
因為地球是圓的，
與太陽之間的距離太過遙遠，
所以抵達地球的太陽光線是
呈現水平的。

*歐幾里得定理：圓的弧長與角度（弧度）成正比。

*stadia：古希臘的距離單位。

換算成最近的測量法，厄拉托西尼所計算出的長度46,250km，與實際長度40,000km相差無幾。

想到那個年代的觀察工具或調查方法十分匱乏，就覺得這真是一個驚人的發現。

12

西元前134年
｜測量星星的亮度

決定星星的等級

*超新星：恆星進化的最後一個階段，因發生劇烈爆炸而發出極亮的光芒，接著逐漸消失的現象。

他在圖書館找到天文觀測紀錄之後，
與自己的觀察結果相互比較，
並將星座逐一記錄下來。

咦？那顆星星很亮，
旁邊的那顆星星
卻很暗耶。

他觀測到約1080顆星星，
並完成了其中
850多顆的星圖，
也就是星星的地圖。
看到這顆最亮的星星了吧？
這叫做一等星，
還有這裡最暗的是六等星。
哇！星光也有
好多種類耶。

嗯……最好也替
星星的明暗分出等級。

一等星和六等星之間
又分成5個等級，
只要看星圖就能一目了然。
真的耶！
好神奇。

當時的人並不知道，星星的亮度會隨著與地球距離的遠近而有所不同。
因此，後代的天文學家將此稱為「視星等」。
星星的距離越遠，
星星的亮度就會越微弱。
確實如此。

所以，我們假設星星
與地球之間的距離都相同，
然後把星星的亮度做區分。
這就叫做
「絕對星等」。
第一等級
第二等級

喜帕恰斯製作了星圖，也發現了新的現象。
春分點
夏至點
冬至點
秋分點
嗯，四季的
時間不同。

假如太陽是以正圓軌道
繞著地球運行，
那四季的長短應該一樣……

四季的長短各不相同，
就代表太陽繞著地球
運轉時，軌道並不是
完美的圓形。
地球
太陽

同理可證，月亮也應該一樣。
這樣就可以得知
何時會發生日食
與月食了。

你們看，果然如我所料，
發生日食了吧？
竟然可以準確算出
日食的時間，他是不是
占卜師啊？
真的耶！

假如沒有喜帕恰斯，我們就無法
得知過去的星星是如何移動，
又是如何產生與消失了。
他留下了一個
天大的禮物給我們。

資訊革命的開始

除了火、玻璃和時鐘，還有一項發明改變了人類的歷史，你們知道是什麼嗎？
當然不知道囉。
不知道還講得這麼理直氣壯。

因為博士會告訴我們啊。
呃……!!

沒錯，這就是那個發明物。

紙張是改變歷史的發明物？
哇！看似微不足道的紙張，原來也是偉大的東西啊。

紙張發明之前，西方用了各種方法來留下紀錄。

在紙張發明之前，中國是使用*甲骨、樹木或竹子等來記錄事情。

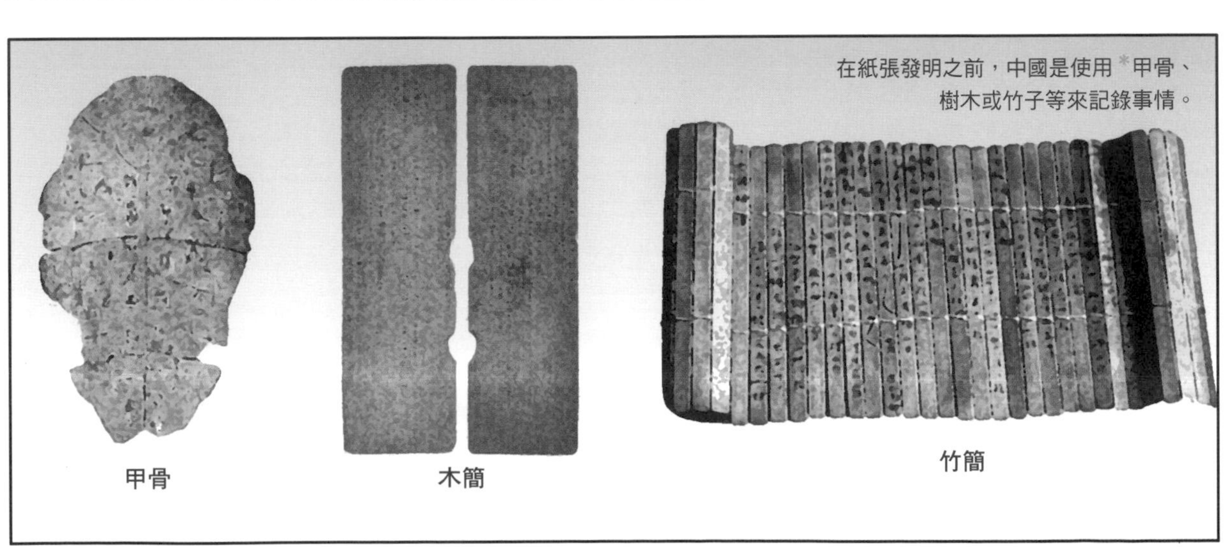

甲骨　木簡　竹簡

*甲骨：龜殼和動物的骨頭。

可是，不便之處卻非常多。
可以用來記錄很好，
但太重了。

雖然偶爾會使用綢緞，
但一般人負擔不起。
雖然很輕盈，
但綢緞比書還要昂貴。

解決這些問題的人，
是中國後漢時期的蔡倫。
將國家大事
記錄在木簡上，
數量太多了，
造成很大的問題。

有沒有像綢緞一樣輕薄，
價格便宜又好寫的東西呢？

無論是木簡或綢緞都很好寫字，
如果把這兩者結合起來呢？

放一點樹皮，也放入有韌性的粗繩，
綢緞很貴，所以就放一點用剩的碎布，
接著要混合均勻，所以也放點水好了。
現在，就把它們全部搗碎吧。
※搗搗搗

把它們鋪得很薄
再曬乾。

經過這些步驟後誕生的東西
就叫做紙張。
哦哦！好像
做得很成功。

真的很好寫耶！

陛下，這是微臣
發明的物品，
叫做「紙張」。
蔡倫，你可真是
立了大功啊。

竟然能盡情買書來看，
真是太高興啦！
之後，紙張生產技術逐漸發達，
紙的種類相當多元，生產量也增加了。
就是說啊！
我要用它認真苦讀，
成為有錢人。

中國認為造紙術很珍貴，所以由國家管理
這項技術，禁止傳到國外。
竟敢將朕的東西
賣給其他國家，
立刻將那傢伙處以死刑！

8世紀中葉，唐憲宗時期，紙張因戰爭傳到了阿拉伯。

將軍！我們抓到了
敵軍的士兵，他說
自己是造紙技術人員。
什麼？快將那人
押送到首都，把有關造紙
技術的一切都問出來。

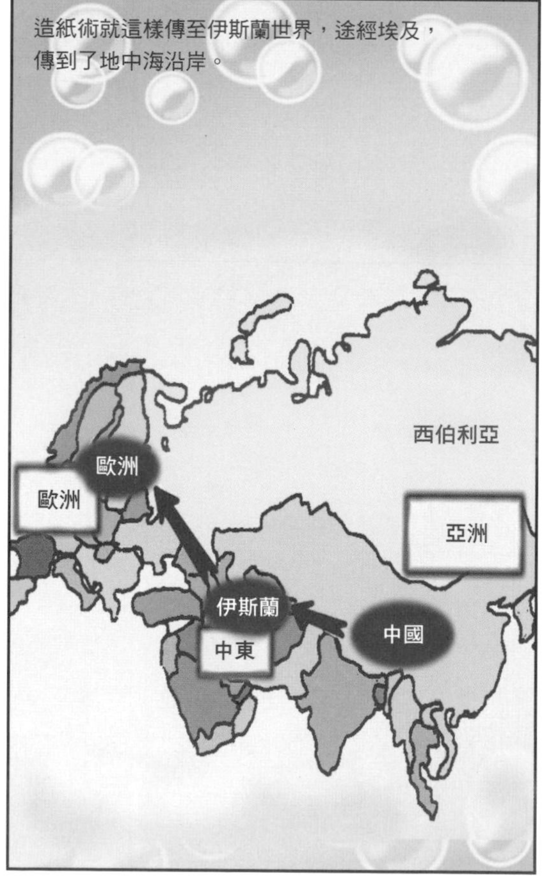
造紙術就這樣傳至伊斯蘭世界，途經埃及，
傳到了地中海沿岸。
西伯利亞
歐洲
歐洲
亞洲
伊斯蘭
中東
中國

之後，紙張與古騰堡的活字印刷術同樣扮演了
保存和傳播知識的角色。
有了紙張之後，
發明了活字印刷術。
A

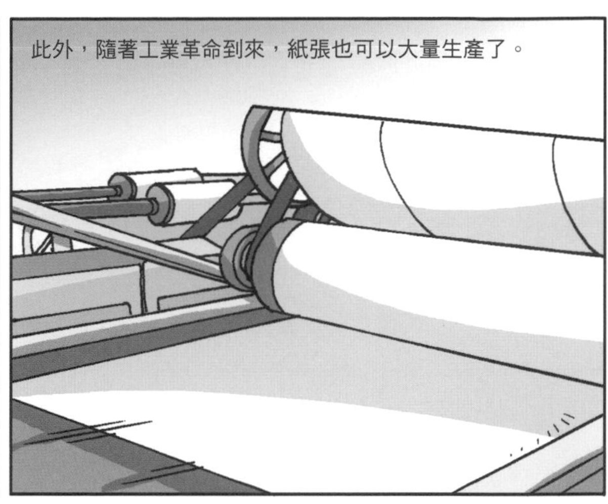
此外，隨著工業革命到來，紙張也可以大量生產了。

報紙、雜誌、書籍等的發行量也大幅增加。
報紙！誰要買報紙！

今日，大家可以閱讀書籍、看報紙，
可以說就是因為紙張發明的緣故。
國語
國語

因此，紙張的發明，
也可以說是最早的資訊革命。
我只是希望
可以讓書變得輕一點，
卻對後世帶來這麼深遠的
影響，真令我吃驚。

14

5世紀｜阿拉伯數字與「0」的發現

跨越想法的高牆 進一步發展

看我們的數字，
表現得多麼清楚。
|=1, ||=2,
|||=3
10=∩, 20=∩∩,
30=∩∩∩.....

1= I, 2= II, 3= III,
4= IV, 5= V,
6= VI, 7= VII, 8= VIII,
9= IX, 10= X,
11= XI, 12= XII.
L =50, C=100,
D=500, M=1000
不過就是
將幾條線排列而已，
我們的數字比較好。

一二三四五
這些數字既不美觀，
寫起來也不方便。
發怒

我們把385寫得多簡單，
其他國家的寫法太難了。
什麼!!!
385

用你們國家的文字
寫寫看。
一、二、三、
一、二……
三、四、五……
呃……！
有三個百、
一個五十、
三個十……
哼，小菜一碟啦。

這次寫一下98168437。
98,168,437
……。
98,168,437

此外，印度人創造了數字「0」，
這是至關重要的發現。
「0」具有「無」，
什麼都沒有的概念。
0

印度人用各自獨立的字表現出數字1到9，
並根據數字的位置決定其大小。
有誰能像我們一樣
簡單地表現出數字大小，
就站出來吧。

0的出現，使得數學有了前所未有的發展。
不僅如此，它還可以
填補位數的空位。
1+十位數+個位數→ 100
2+百位數+十位數+個位數→ 2000

只要有0和剩下9個數字，
無論任何數字都能
表現出來。

而且計算也變得很簡單。

後來連正負數的概念都出現了，這個發明有多帥、多了不起啊！
-2, -1, 0, +1, +2

有了數字0和阿拉伯數字，數學也獲得了能夠進一步發展的武器。
수학
怎麼樣？帥吧？

※數學

這種印度的數字體系，後來傳入了阿拉伯。
哦！這些數字好方便。
12345
6789

當時，歐洲人不但無法發展自己的學問，而且也無法保存下來。
哇哈哈哈！把這些傢伙的東西全部搶走，然後放火燒光吧！
饒命啊！
呃啊

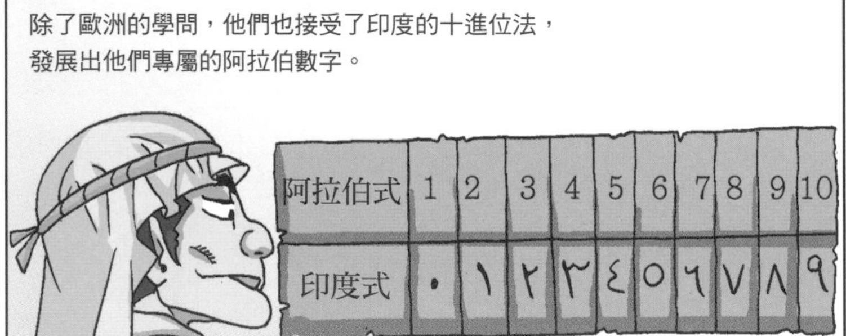

*十字軍東征：中世紀歐洲，基督教徒以伊斯蘭教徒為對象所展開的軍事遠征。

但很諷刺的是，這場戰爭成了阿拉伯數字
被廣泛使用的契機。
1、2、3。
1,2,3
真的很簡單，
寫起來也很方便。

後來以歐洲為中心，數學獲得了極大的發展，
並與科學同步成長。
幸好有你。
과학
수학
※科學
※數學

※五百四十加上一千四百
假如阿拉伯數字
沒有傳入的話，
數學題目會變得很可怕吧？
오백사십
더하기
천사백
別人聽了，
還以為你的數學
有多厲害呢。

妳說什麼！
好歹這次我的數學
有超過40分，
這是我的最高紀錄耶！

所以你把考卷
拿給你媽看了嗎？

哎呀！拜託～!!!
請務必對我媽保密！

15

11世紀｜羅盤的發明

蓄勢待發，
邁向**世界**

地球就像
羅盤一樣。
怎麼個
像法呢？

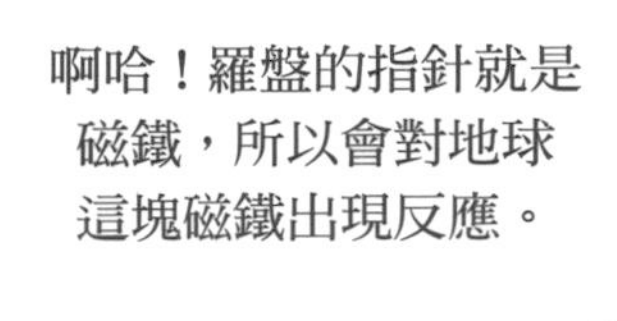
啊哈！羅盤的指針就是
磁鐵，所以會對地球
這塊磁鐵出現反應。

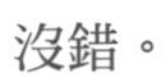
沒錯。

N
S

地球也是一個
巨大的磁鐵。
N
S

磁鐵礦屬於鐵礦的一種，
是具有強烈磁性的天然磁鐵。

西元前2世紀左右，中國發現了這種磁鐵礦。
哎呀，石頭黏在劍上了，
這是怎麼回事？

*指南針：羅盤的早期型態，指針永遠指向南邊的工具。

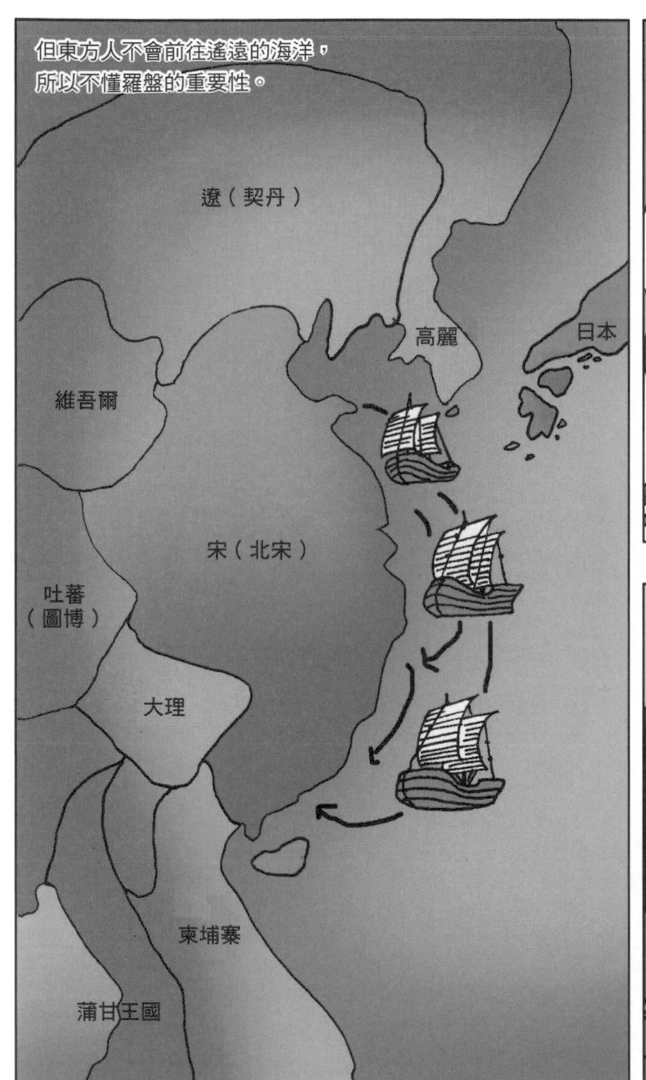

***方位表**：標示東西南北的圖示，分成四方位表、八方位表、十六方位表等。

之後，羅盤在麥哲倫航海繞世界一周時
也扮演了重要的角色。

亞里斯多德的理論「地球是圓的」
也獲得了證明。
地球真的是
圓的耶。
對吧？

假如羅盤沒有出現的話，
也許直到現在大家都還以為
世界只有一半。

這小小的羅盤
竟然將世界
連結起來了……
就是啊。
還以為用羅盤
知道方向就夠了，
沒想到其中蘊含了
更重要的意義。

知道方向就很了不起囉，
以你的頭腦來說。
可惡！要把我當笨蛋
到什麼時候！

16

1377年｜直指心體要節

世界上最早的金屬活字印刷品

*無垢淨光大陀羅尼經：世界上最古老的雕版印刷佛經。

*UNESCO（聯合國教科文組織）：為了保護世界遺產，促進教育、科學、文化等的普及和傳播所成立的國際聯合教育科學文化機構。

沒錯，不過有件事
寶拉也不知道，大家都以為
它叫做「直指心經」，
但這是錯誤的名稱。
什麼？

正確的名稱是
《直指心體要節》或是
《佛祖直指心體要節》。

啊……
原來如此。
什麼嘛，妳知道的
也不是正確答案嘛。

我之前說過，
是中國發明紙張的吧？
中國在紙張上
書寫文章，製作了
許多書籍。

但所有內容都要用手一一抄寫，
再製成書並不容易。
呃，手好痠，
要寫到什麼時候？
你看起來好像
很累的樣子。

就在這時候，新羅人發現了把文字刻在木板上
再印下來的方法。

但是，這種木板印刷術有一個很嚴重的問題。

彌補這項缺點的就是活字。

活字的出現使印刷技術更上一層樓。

※丟
印新書的時候，
也不必再次刻在木板上。

使用過的活字可再次使用，
只要補充沒有的文字即可，
還能夠減少費用。

不過，木板活字也存在一個問題。
但是卻沒辦法
解決裂開的問題，
畢竟這是木頭的
特性……唉。

只要用不會裂開的材質
製作活字不就行了嗎？

瓷器很容易破裂，
所以不行。
有了，金屬很堅硬，
很適合拿來使用！
我就試試用它來
製作活字。

做出來的成品就是
金屬活字。
印刷時碰到的問題
全都解決了！

就是這個金屬活字製作出
世界上最早的印刷物——
《直指心體要節》。
白雲和尚抄錄佛祖直指心體要節卷下
宣光七年丁巳七月 日 清州牧外興德寺鑄字印施

西方第一個發明金屬活字的人是古騰堡。
我主要是用金屬活字來印刷和宗教相關的書籍。

雖然西方發明金屬活字的時間比東方晚，卻具有別的優點。
這就是印刷機！

印刷機使西方的印刷技術快速發展。
使用印刷機就可以在短時間內大量印刷。

金屬活字與紙張，可說是使書本普及於社會大眾的最傑出的發明物。
沒錯!!

17

1452～1519年
| 李奧納多．達文西

人物本身就是科學史的大事件！

李奧納多・達文西出生於義大利，他沒有接受正式的教育，
而是進了知名藝術家的工坊。
你將會名揚四海。
謝謝您，
但我自知不足。

當時的藝術家認為，唯有學習各種領域的學問，
才有可能創作出好作品。
我想將人體
描繪得更加細緻，
如此一來，我就需要
解剖學的知識。

達文西四處尋找知名的解剖學者，在學習解剖學的過程中，
他描繪了數千張的人體結構圖。

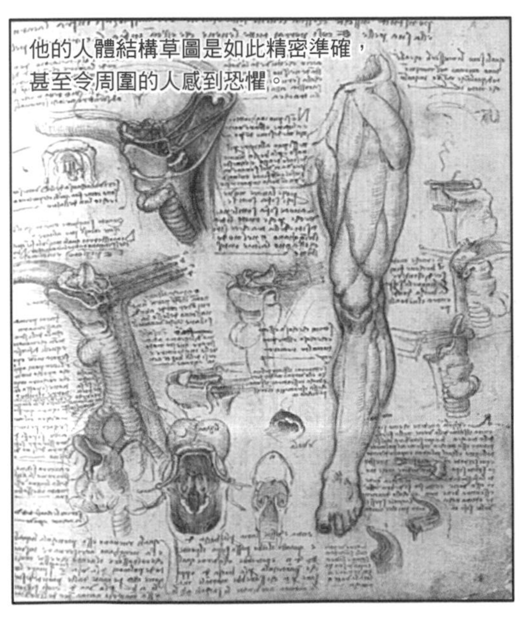
他的人體結構草圖是如此精密準確，
甚至令周圍的人感到恐懼。

他的這些努力，對近代解剖學的發展帶來巨大的影響。
畫家想要準確地
表現出人的樣貌，
就一定要學習解剖學。

他在工學方面也發揮了傑出的才能。
啊，我沒說我畫過自行車的輻條嗎？

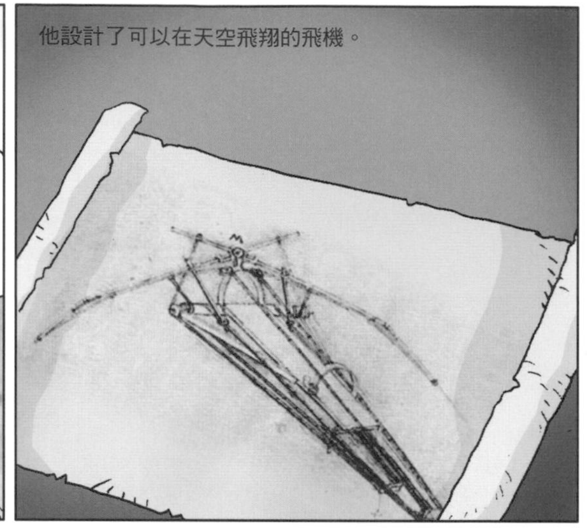
他設計了可以在天空飛翔的飛機。

利用鳥兒飛翔的原理，拍動機翼飛行的飛機設計既獨特又縝密。

那是飛機一號，二號是直升機。

哇！那是什麼？
喔，這是戰車。

戰車？您還會畫
戰爭武器嗎？
我只是把腦中浮現的
想法設計出來。
這是
大型弩弓。
哇！有人站在
弩弓上耶！

他的草圖成了之後
發明物的雛型。

這個嘛，這人和我
一樣都是天才，
所以應該沒有不會的吧。
哇啊！也太愛
炫耀了吧！

除了藝術與科學之外，
還在各種領域擁有過人天賦，
我想大概也只有
李奧納多．達文西了吧？
他到底
有什麼是
不會的？

▼**阿基米德** Archimedes

古希臘數學家、物理學家。
發現阿基米德原理、槓桿原理、
求圓面積與球面積及球體積的方法等。

▼**厄拉托西尼** Eratosthenes

古希臘數學家、天文學家、地理學家。
發明出尋找質數的厄拉托西尼篩法，
是首位算出地球周長的人。

10

光著身體大喊
「尤里卡！」

11

用影子算出
地球的大小

約西元前250年
阿基米德原理

西元前240年～西元前230年
地球的大小

改變世界的科學家們 2

1377年
直指心體要節

1452～1519年
李奧納多・達文西

17

人物本身
就是科學史
的大事件！

16

世界上最早的
金屬活字印刷品

▲**李奧納多・達文西** Leonardo da Vinci

義大利藝術家，作品有《蒙娜麗莎》、《最後的晚餐》等等。
在建築、土木、數學、科學、音樂等各方面皆展現出才能，
也為解剖學留下重大的成就。

▲**直指心體要節**

高麗時代，白雲和尚擷取佛祖的「直指人心，見性成佛」
的重要段落並加以解說的書，是世界最早的金屬活字本，
2001年被聯合國教科文組織指定為世界遺產。

▼喜帕恰斯 Hipparchus

希臘天文學家，製作太陽與月亮的運行表，
預測日食與月食的發生。他觀測1080顆星星，
製作星圖，藉以表現星星的位置與亮度。

▼蔡倫

中國後漢中期的宦官，他將樹皮、麻布衣、
捕魚網等材料加以分解，製作出「蔡倫紙」，
使既有的造紙術更上一層樓。

12 決定星星的等級

13 資訊革命的開始

西元前134年
測量星星的亮度

105年
紙張的發明

5世紀
阿拉伯數字與「0」的發現

11世紀
羅盤的發明

15 蓄勢待發，邁向世界

14 跨越想法的高牆進一步發展

▲沈括

中國北宋的學者、政治家，曾擔任司天監，
改革天體觀測的方法與曆法等。在他的著作
《夢溪筆談》中，曾有在指針黏上蠶絲使用的紀錄。

▲阿拉伯數字

起源於印度，但後來由阿拉伯人傳至歐洲，
因此才有這個名稱。

18

1543年｜哥白尼的地動說

想法能改變世界

他是否定教會的人，
立刻將他處以火刑！！！
為什麼？我只不過是說
天動說是錯誤的啊！

只不過是糾正
錯誤的理論而已，
竟然就被處火刑！

亞里斯多德
也曾經這麼認為。
身為天才的
亞里斯多德
也相信天動說？

既然都向博士學習了，
就好好記住這些內容。
除了博士提到的故事之外，
還有很多有趣的科學史。

是喔？早說嘛，
這樣我就可以
一起學了啊。
當我說要寫作業時，
是誰說之後再寫，
然後逃之夭夭啊？

這……這種事
就早點忘掉嘛！

當時有一個人反對天動說，
就是哥白尼。

出生於波蘭的他，在擔任神職人員的伯父幫助下，
得以進入學校讀書。
你長大之後，
要成為優秀的神父。
好的，伯父。

他就讀大學時，對天文學產生了濃厚的興趣。
月食真是
有趣的現象啊。

後來他成為正式的神父，並打造了個人天文台，
每天晚上觀測星象。

哥白尼對天動說產生了疑問。
太陽
月亮
水星
火
地球
金星
空氣
火星
木星
土星
所有星星竟然
都以地球為中心，
24小時不停運轉，
宇宙究竟有多小呢？

依照我觀測星象後發現，
宇宙是極為廣闊的。
因此，只能認定
天動說是錯誤的。

他發現了影響自己想法的決定性因素。
咦？火星運行的軌跡
是沒有規則的？

假如天動說是正確的，
絕不可能發生這種事啊！

萬一太陽是宇宙的中心，
而地球和其他行星
是繞著它運轉⋯⋯

土星
月亮
火星
地球
金星
太陽
水星
假如以太陽為中心運轉的
行星，它們的公轉速度
也各不相同呢？

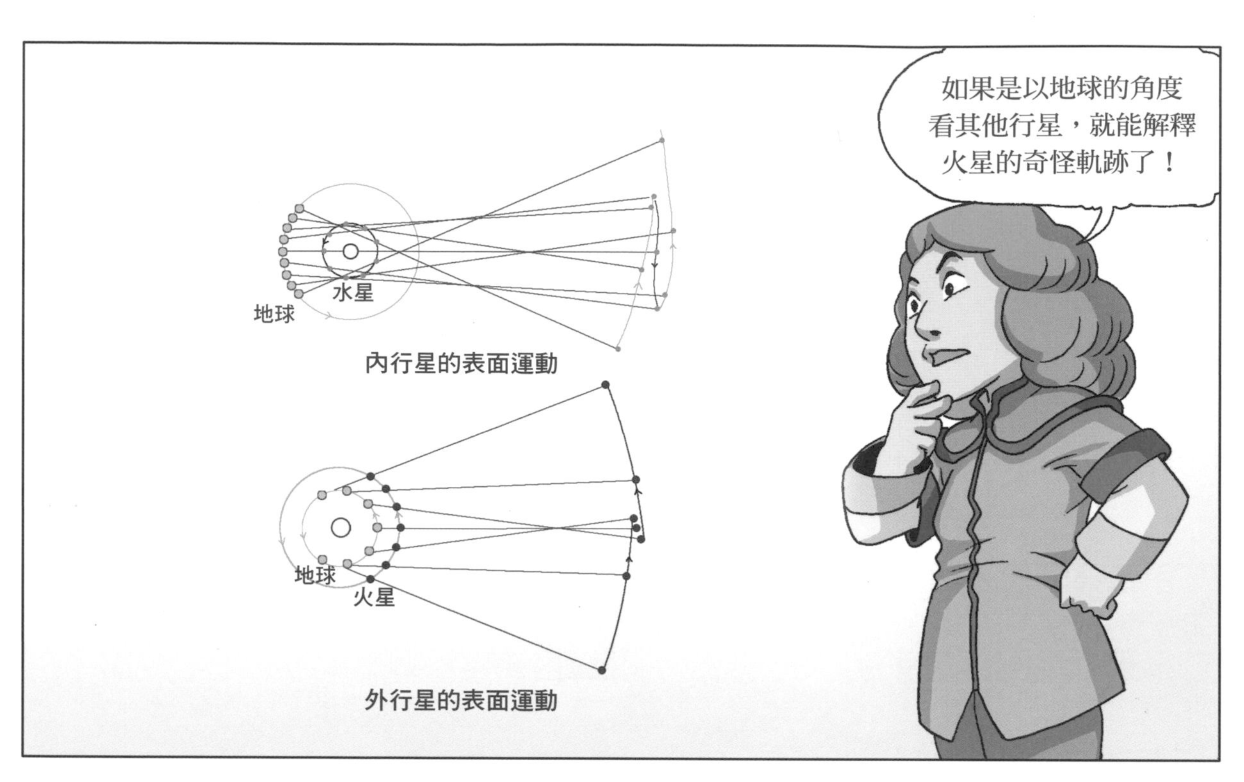

經過更仔細的研究，他完成了以太陽為宇宙中心的學說，也就是地球會移動的地動說。

但他沒來得及在生前發表地動說。

錯了也不能指正，
太不可理喻了！
就是啊！
就是要改正錯誤，
科學才能不斷發展啊！

當時有關宗教的一切，
都不得遭到否定。

但是他的書出版之後，人們開始用全新的觀點來看待宇宙。
地動說
天動說

地動說的勝利，
不單是提出了天文學的
正確學說。

它也是打破神與科學一體
這種古老世界觀的重要契機。
宗教
科學

19

西元前46年～西元1582年
從儒略曆到格里曆

以月曆得知正確的時間

*曆法：以天體運行的週期現象為標準，區分時間、計算日期的方法。

*儒略・凱撒：羅馬的政治家，依英文發音，又譯為「尤利烏斯・凱撒」。

雖然後來的1600年都沒有問題，
但之後問題又來了。
1600年來都活得
好好的，還要求什麼？

因為1年的長度比實際上多了大約11分鐘，
所以日期也慢慢改變了。
實際的春分
和月曆上的春分
相差了10天耶！
啊！這樣復活節的
日子就變了耶。
哦，不行！

於是，教宗額我略十三世提出新的曆法
來解決這個問題。
每4年會多1天，
如果那年不能被100整除，
就不必多1天。

只要把多出1天的那年
訂為閏年，其他則訂為
平年就行了。

那麼，今年已過了10天，
又該怎麼辦呢？
這也沒辦法，
今年就少10天吧！

因此格里曆制定的那年，
天數不是365天，
而是355天。
竟然整整把日期
往前移10天，
真的太有趣了。

1年是365天5小時
48分46秒的話，
呃……！
宇宙，
你在幹麼？

博士！那麼過了1萬年之後，
不就會有3天左右的誤差嗎？
你……你這麼快
就算出來啦？

是真的嗎？
確實如此，不過3天的
誤差必須經過1萬年
才可能修正。

就是啊。
本以為你腦袋空空，
沒想到計算能力居然
這麼強。

20

1577年｜超新星與彗星的發現

未知的宇宙出現了

比起法學，他對有關物理學、數學的
希臘經典更有興趣。
這個要比法學有趣多啦。

有一天，他偶然觀測到日食的現象，
從此便對天文學深深著迷。
叔叔也對日食很有興趣嗎？
是啊。

雖然父母很擔心布拉赫沉迷於天文學，
但卻無法改變他的志向。
好，我決定了，以後我要研究星星。

長大成人之後，他開始正式學習天文學。
1572年，他在仙后座中發現了奇怪的星星。
咦？那顆星星是什麼？
之前那個位置沒有星星啊。

經過長期觀測，那顆星星比月亮或其他行星更遙遠。

那顆星星有16個月發出強烈光芒，
接著逐漸變得微弱，最後就消失了。
星星完全消失了耶，這究竟是怎麼一回事？

他發現星星爆炸時，會在釋放耀眼的光芒後消失，
也就是發現了超新星。
這是足以推翻天文學史的重大發現！

布拉赫將這件事稟告丹麥的國王。
你發現了一個非常了不起的現象。
我會賜予你一座小島與個人天文台，讓你好好做研究。
謝謝國王陛下。

天文台就以代表天空別墅的「Uraniborg」來命名吧。

他在這裡又有了另一項重要的發現。
嗯，那個到底是什麼呢？

這個嘛……似乎
要多觀察才知道。
那是氣團。

它比金星的距離更遠，
而且固定在移動，
那也是在太陽周圍運行的
獨立天體，也就是星星。

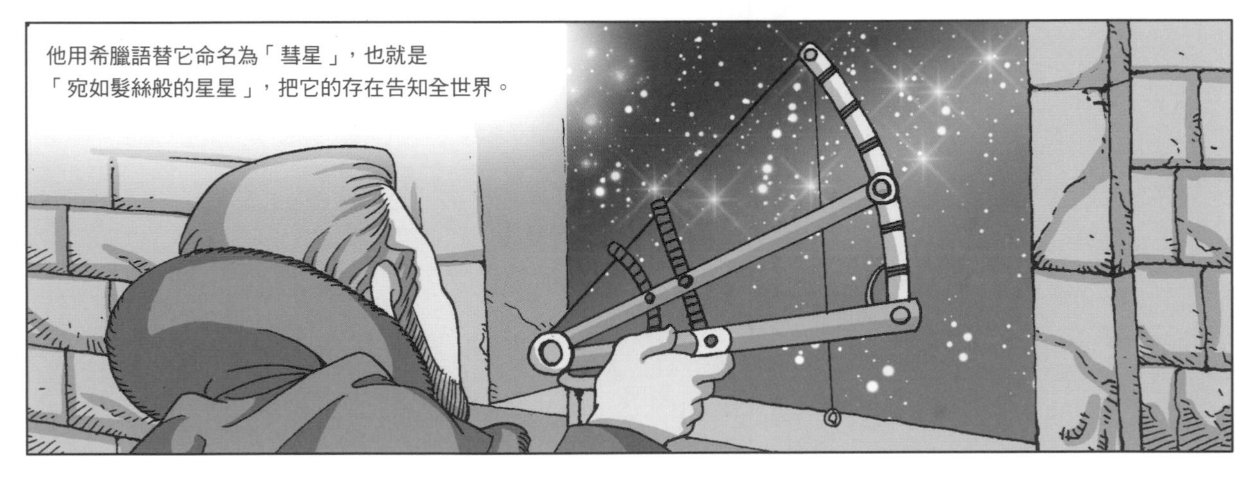
他用希臘語替它命名為「彗星」，也就是
「宛如髮絲般的星星」，把它的存在告知全世界。

天動說主張，比月亮更遙遠的宇宙不會發生任何變化。
天動說錯了，
透過我的眼睛發現的
那些星星就證明了這點。

結果，彗星與超新星的發現
成了推翻天動說的證據，
具有非凡的意義。

21

1590年｜顯微鏡的發明

看見
看不見的世界

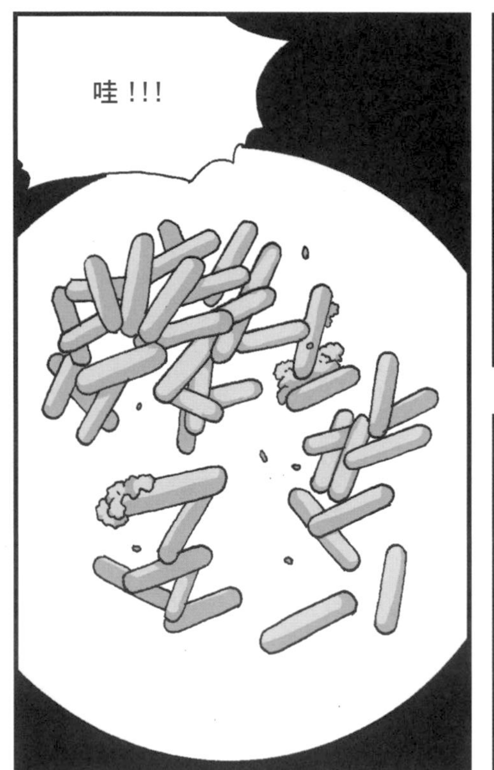

※啪

顯微鏡是由2個以上
焦距很短的凸透鏡構成的。

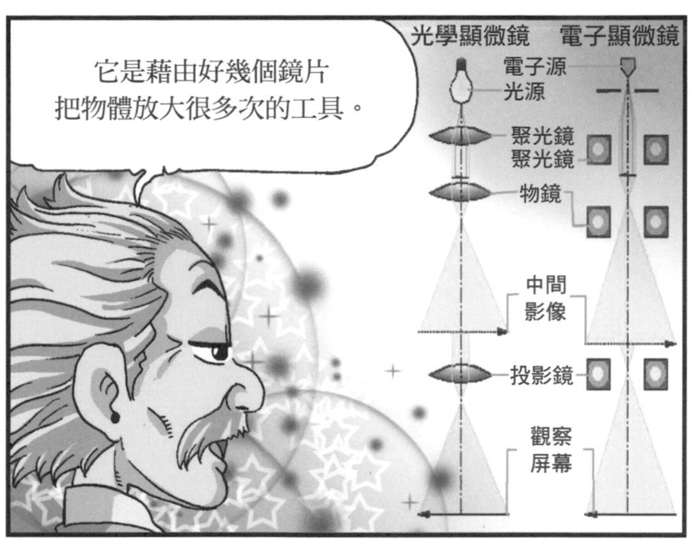
它是藉由好幾個鏡片
把物體放大很多次的工具。
光學顯微鏡
電子顯微鏡
電子源
光源
聚光鏡
聚光鏡
物鏡
中間
影像
投影鏡
觀察
屏幕

顯微鏡是在16世紀末，由眼鏡製造商楊森所發明的。
我製作的顯微鏡
是用於海洋探測，
所以相當接近
望遠鏡的水準。

之後，許多國家也開始致力於製作顯微鏡。
我用顯微鏡
找出了微血管。
馬爾切洛・馬爾皮吉

但是，真正開啟顯微鏡時代的人是雷文霍克。
嗯……聽說楊森這個人
發明了顯微鏡……
我大概知道原理，
不然我也來製作看看？

他雖然沒有接受正式的科學教育，
卻對鏡片研磨術和金屬工藝瞭若指掌。
又失敗了，
這玩意完全不容許
半點失誤。
咚

顯微鏡必須製作得
非常精密才行。
好，重新來過吧！

初次製作出來、放大倍率160倍的顯微鏡，
品質可說是糟到不行。
嗯，持續不懈的話，
就會製作出好東西吧。

他並沒有感到失望，經過不斷努力，
最後製作出放大倍率270倍的顯微鏡。
哦！這到底是什麼？

當時人們相信從古希臘時代
流傳下來的自然發生說。
像是黴菌般的微小生物
會自然出現！

但是，雷文霍克發明出顯微鏡之後，
才知道「自然發生說」是錯誤的。
即便是一滴小水滴，
也有無數生命存在其中！

所以意思就是說，
再怎麼微小的生命，
也都不是自行產生的。

他對神奇的微生物感到著迷，
深陷於顯微鏡的世界之中。
這次要觀察哪裡呢？
哈哈哈。

落下的雨滴中
也有生物存在吧？
不如我把雨水接起來，
倒到浴缸裡？

嗯，果然有無數生物存在，
現在就用顯微鏡來仔細
研究看看吧。

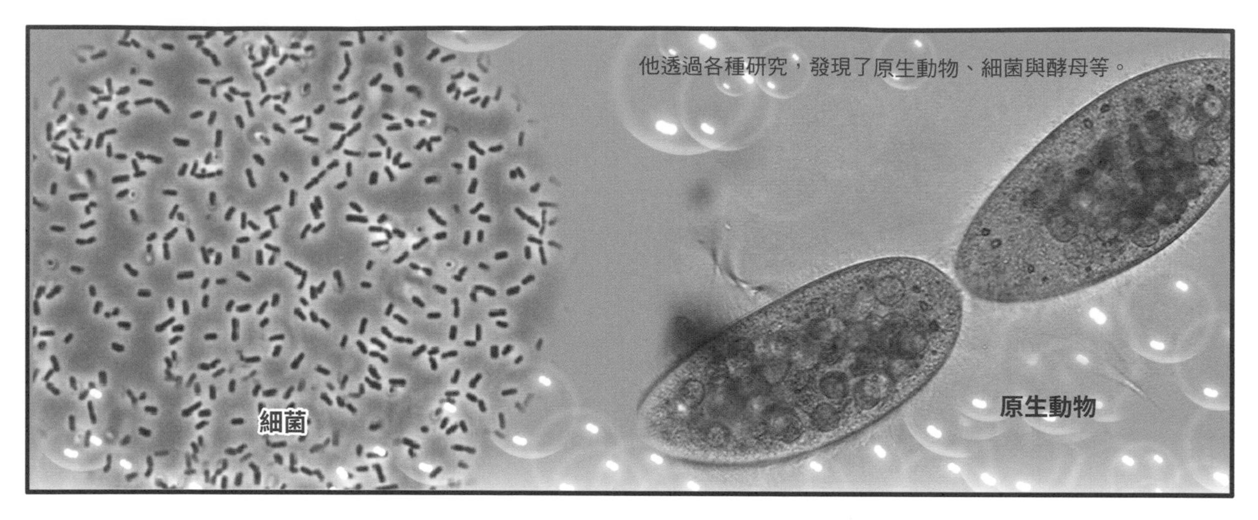
他透過各種研究，發現了原生動物、細菌與酵母等。
細菌
原生動物

他研究微生物長達20年，之後才寫下論文。
我寫的論文怎麼樣？
了不起！立刻拿到皇家學會發表吧！

他透過論文將微生物的世界公諸於世，對學會帶來莫大的衝擊。

他不僅透過顯微鏡呈現微生物的世界，還成為微生物學的先驅。
怎麼樣？微生物的世界真的很壯觀吧？

之後，大家稱呼他為微生物學之父。
我對科學一知半解，大家卻給了我這麼高的榮譽，真是感激不盡啊。

他光是為了觀察微生物
所製作的顯微鏡鏡片，
就高達419個。

為了發表一篇論文
花費20年的時間，
就能知道他多有毅力。
哇！為了看見
顯微鏡中的世界，
雷文霍克賭上了一切呢！

拜託宇宙在寫科學史作業時，
也能拿出一點毅力。
至少我現在
很認真好嗎！

這不都要
歸功於
我這個天才
博士嗎？
也是，最近好像
的確是這樣……

嚴師出高徒嘛，
哈哈哈！
是、是，您說得對。

22

1590年｜伽利略的自由落體運動

從**比薩斜塔**丟下來的**戰帖**

好，結果怎麼樣？
鐵球的重量不一樣，
但卻同時落地了。
5kg
1kg

是吧？發現這項
重要法則的科學家
就是伽利略·伽利萊。
伽利略？
好像經常聽到
這個名字？

在第三單元時不是有出現
這位科學家嗎？
啊，對了，
我想起來了。

那你說說看，
他發明了什麼？
是……
是什麼？

時間的等時性。
啊！時間的等時性！

※嘰伊伊

當他還是個醫學院的學生時，發現了單擺的等時性。

啊哈～醫學課太無聊了。

之後，伽利略轉為攻讀數學與物理學，
後來在大學裡教授數學與天文學等。
我是從這學期開始
負責教數學的
伽利略・伽利萊。

從小，他就深受身為數學家與音樂家的父親影響，
習得透過自由探索尋找解答的方法。
沒有任何根據就說
過去的主張一定正確，
這樣並不好。

你絕對不能成為那種人，
知道嗎？
是的，爸爸！

當時大學裡普遍相信亞里斯多德的理論是定論，
也如此教導學生。
根據亞里斯多德
所說……！
真傻眼，又沒有實驗
結果，卻無條件說他的
理論是正確的……

其中之一就是自由落體運動。
重量不同的兩項物質，
掉落的速度不同。
要不要親自
實驗看看？

*比薩斜塔：義大利比薩大教堂的鐘塔，以傾斜之塔著稱。

23

1593年｜溫度計的製作

用數字**得知**
冷與熱

從前的人對溫度的概念，就只有用「熱」、「冷」、「涼爽」等主觀感覺來區分。
太冷啦！
這樣怎麼會冷？

「溫度」則把熱與冷的程度數字化。
現在的溫度是-3℃。
啊，原來天氣很冷啊。
我就說很冷了嘛。

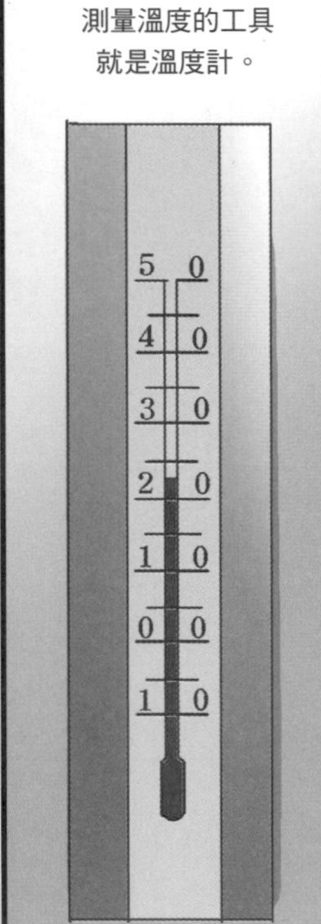
測量溫度的工具就是溫度計。
50
40
30
20
10
00
10

根據天氣的變化，溫度計的刻度會上升、下降，你們知道是什麼原因嗎？
不知道。

那是因為溫度計內的液體受到溫度變化的影響，會產生膨脹與收縮。
膨脹？收縮？
啊哈！

膨脹指的是
體積會擴大。
膨 膨大的膨
脹 脹大的脹

相反的，
收縮則是
體積會縮小。
收 收緊的收
縮 縮小的縮

換句話說，就是物質的體積
會隨著溫度而擴大、縮小。
寶拉懂得還真多。
高溫
低溫

利用這個原理，親眼確認溫度變化的人
就是伽利略。
我在研究氣體時，
發現了一個相當
有趣的現象。

把裝在試管內的空氣加熱，
再放進裝水的容器中，
實驗前的準備就完成了！

要是白天天氣變熱，
試管內的水位
就會往下降。

相反的，如果晚上
天氣變冷，試管內的
水位就會上升。
怎麼樣？這是個可以
看到溫度變化的
簡單方法吧？

伽利略利用氣體熱脹冷縮的原理，
製作出最原始的溫度計。
當然啦，
它不會顯示
準確的溫度數值。

之後，他的弟子製作出各式各樣的溫度計。
像酒精這種液體碰到
溫度變化時，體積會產生
很大的變化，用來當
溫度計的材料剛剛好。
酒精

酒精的沸點低，
測量高溫時會有問題，
不過它的冰點低，
所以很適合拿來測量低溫。
冰點
沸點
-98.7°
73°

1720年，華倫海特發明了使用水銀製成的溫度計。
水銀在相當寬的溫度範圍內都呈現液態。
水銀的液體狀態
-38.9℃ 357.7℃

所以，很適合拿來製作溫度計。

中世紀的科學家雖然製作出溫度計，但卻沒有準確的測量基準，所以感到很頭疼。

在這個過程中出現了攝氏溫度和華氏溫度。
℃
攝氏溫度
°F
華氏溫度

攝氏溫度是我們最常用的測量方法。
攝氏溫度計
℃
冰的熔點為0℃，水的沸點為100℃，也就是中間分成了100等分。

在華氏溫度下，冰的熔點為32℉，水的沸點為212℉，中間分成了180等分。
華氏溫度計
°F

絕對溫度與測溫物質的性質無關，把分子動能為0的狀態訂為絕對溫度0度。

進入近代之後，實驗科學得到了蓬勃的發展。
科學家知道了溫度會對實驗結果產生重要的影響。

之後，測量準確的溫度，變成了進行科學實驗時最基本也最重要的事。
聽博士講解的時候還沒感覺……

驚！現在的溫度已經升到32℃了，根本就是蒸籠嘛！
確實是很熱。

24

1600年 | 磁鐵的研究

地球是一個巨大的磁鐵

主張地球是一個巨大磁鐵的人，
就是被稱為「電磁學之父」的
威廉·吉爾伯特。

當時的人並不知道，為什麼使用羅盤時，
指針會指向北方。
羅盤的指針指著北極星，
不就代表是北方嗎？
羅盤的指針帶有磁性，
那麼北極星也同樣
帶有磁性嗎？

羅盤會一直指著
北極星嗎？
不，往東方航行時，
羅盤的指針會有一點偏離
北極星的方向。

就是這個！羅盤指針
是對其他東西有反應，
不是對北極星有反應。
是嗎？

我在想，地球本身
會不會就是一個磁鐵，
所以羅盤才會出現反應？
地球是一個
磁鐵？

這究竟是在
說什麼啊……
是啊，而且還是
非常巨大的磁鐵。

圓形磁鐵？
用這個來實驗看看吧，
把磁鐵做成球狀。

喔喔，
原來如此。
地球不是圓的嗎？
所以磁鐵當然也要
製作成圓形啊。

那是當然的啦！
所以用羅盤指出方向時，
才會說旁邊不要放
有磁性的物品。
羅盤對球狀磁鐵
出現了反應。

因此，看起來才會好像是
其他星星繞著北極星運轉。
北極星就在
會進行自轉的地球的
北極點正上方。

※揮　※轉動

這個A是地理上的北極點。
然後B是磁性上的北極點。
也就是說，A就在北極星的正下方。

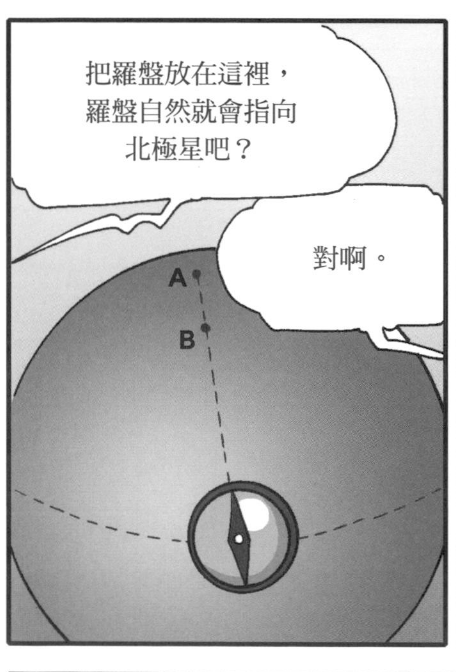
把羅盤放在這裡，羅盤自然就會指向北極星吧？
對啊。
A
B

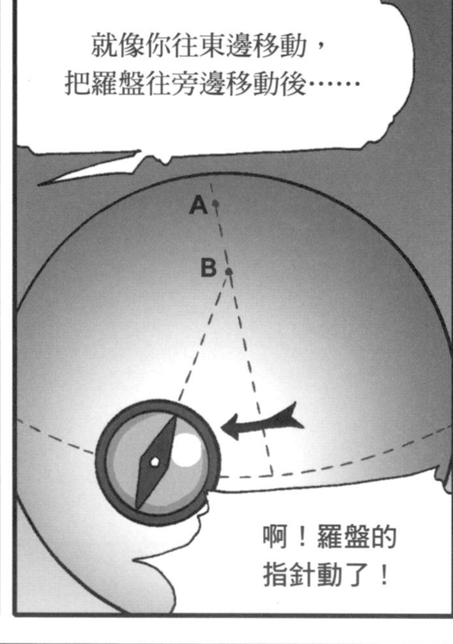
就像你往東邊移動，把羅盤往旁邊移動後……
A
B
啊！羅盤的指針動了！

怎麼樣？和你見到的現象相同吧？
嗯……

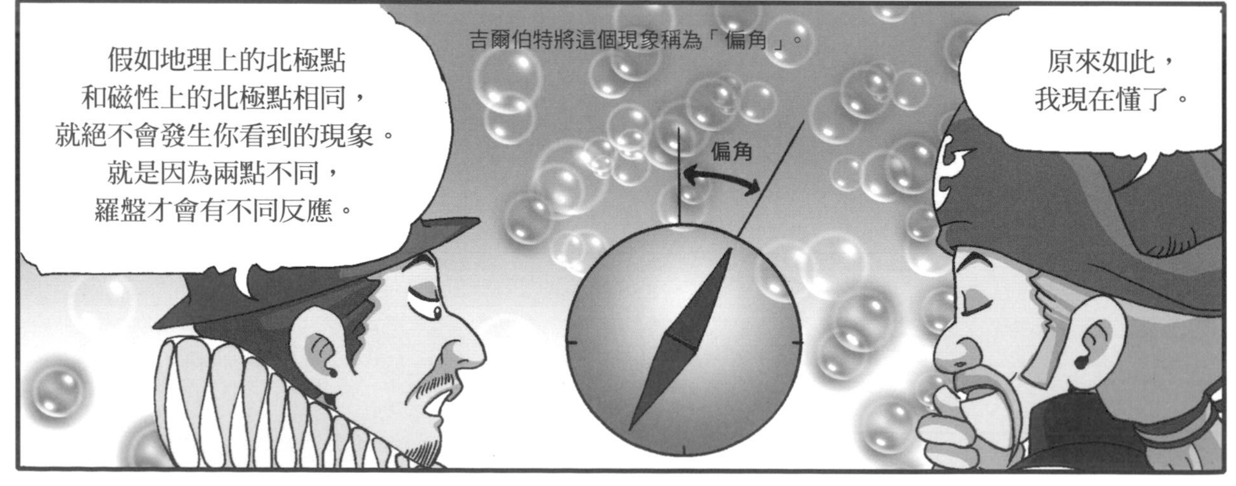
假如地理上的北極點和磁性上的北極點相同，就絕不會發生你看到的現象。就是因為兩點不同，羅盤才會有不同反應。
吉爾伯特將這個現象稱為「偏角」。
偏角
原來如此，我現在懂了。

*磁力：與磁鐵同樣具有磁性的物體彼此相吸的力量。

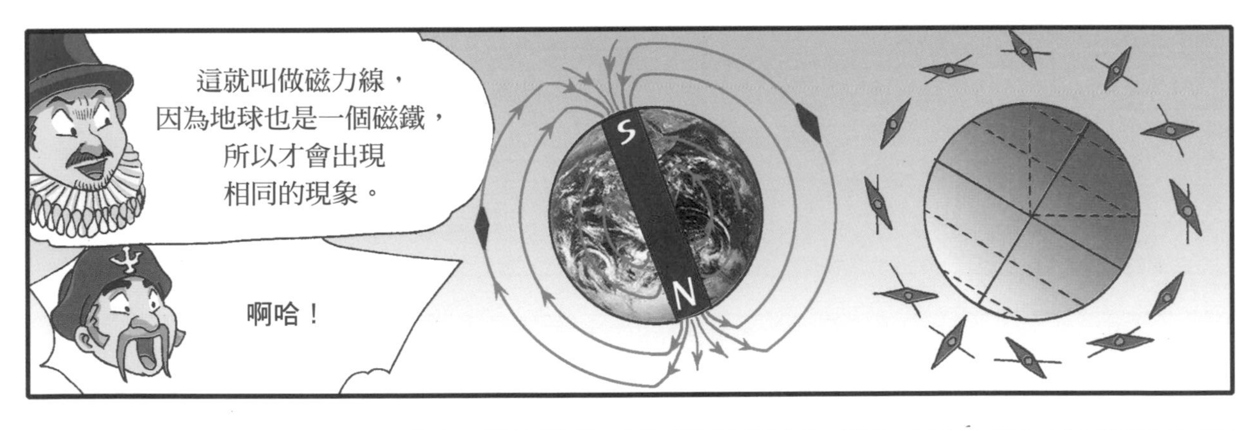

25

1609年｜克卜勒定律

全新**宇宙論**的**登場**

克卜勒的頭腦非常聰明，在親戚的幫助下，
進入了圖賓根大學。
※圖賓根

他在那裡遇見了讓自己奉獻一生的天文學。
雖然世人不認同地動說，
不過有朝一日，
大家就會知道它是正確的。

大學畢業之後，他雖然當上數學老師，
但卻教得不好。
這個老師的課
太無聊了。
所以說……1/32……
加上……6/7是……

就在此時，他寫了《宇宙的神祕》這本書，
寄給伽利略與布拉赫。
致我尊敬的
布拉赫老師：
我是在當數學老師的
約翰尼斯．
克卜勒……

布拉赫讀得興致盎然，隨後邀請克卜勒來當他的助手。
嗯，內容的確是
滿有趣的。
宇宙的神秘
宇宙的神秘

布拉赫是當時最頂尖的天文學家，克卜勒是最頂尖的數學家。

但是，兩人的關係並不和睦。
老師的主張和我的計算並不相符。
你說什麼？你有沒有算對啊？

兩人的爭吵，一直延續到布拉赫離世為止。
我把所有研究資料都留給你，克卜勒。
老師……！

他將布拉赫花一輩子蒐集來的資料，用於研究火星的軌道。

當時的天文學家認為，行星的軌道是圓形的。
咦？為什麼火星的軌道值老是出現誤差？

太陽
火星
火星應該是
沿著圓形軌道，
在太陽周圍運轉⋯⋯

布拉赫老師的觀測紀錄
出錯了嗎？

不！老師的觀測紀錄正確，
是我的計算錯了。

那麼，搞不好軌道不是圓形，
而是其他形狀。
火星
太陽

配合這份觀測紀錄，
計算其他形狀的軌道
是否吻合，
就會知道了。

他相信布拉赫的紀錄，重新計算之後，得到了正確答案。
就是這樣！
火星的軌道是橢圓形。
火星
太陽

橢圓軌道？
是比圓形稍微
扁一點的形狀嗎？
是啊，宇宙知道
橢圓形怎麼畫嗎？

這個嘛，寶拉應該
比較懂吧？
那個我也
不太清楚。

畫橢圓形的方法很簡單，
只要畫出2個點，
再準備比這2個點之間的
距離更長的線。
A
B

把線的尾端固定在2個點上，
將線拉直，就能畫出橢圓形。
A
B

根據這個計算，
所有行星都是沿著
橢圓形軌道，
繞著太陽公轉！
克卜勒將畫出橢圓形的其中一個點
放在太陽上，解決了所有問題。
火星
太陽
地球

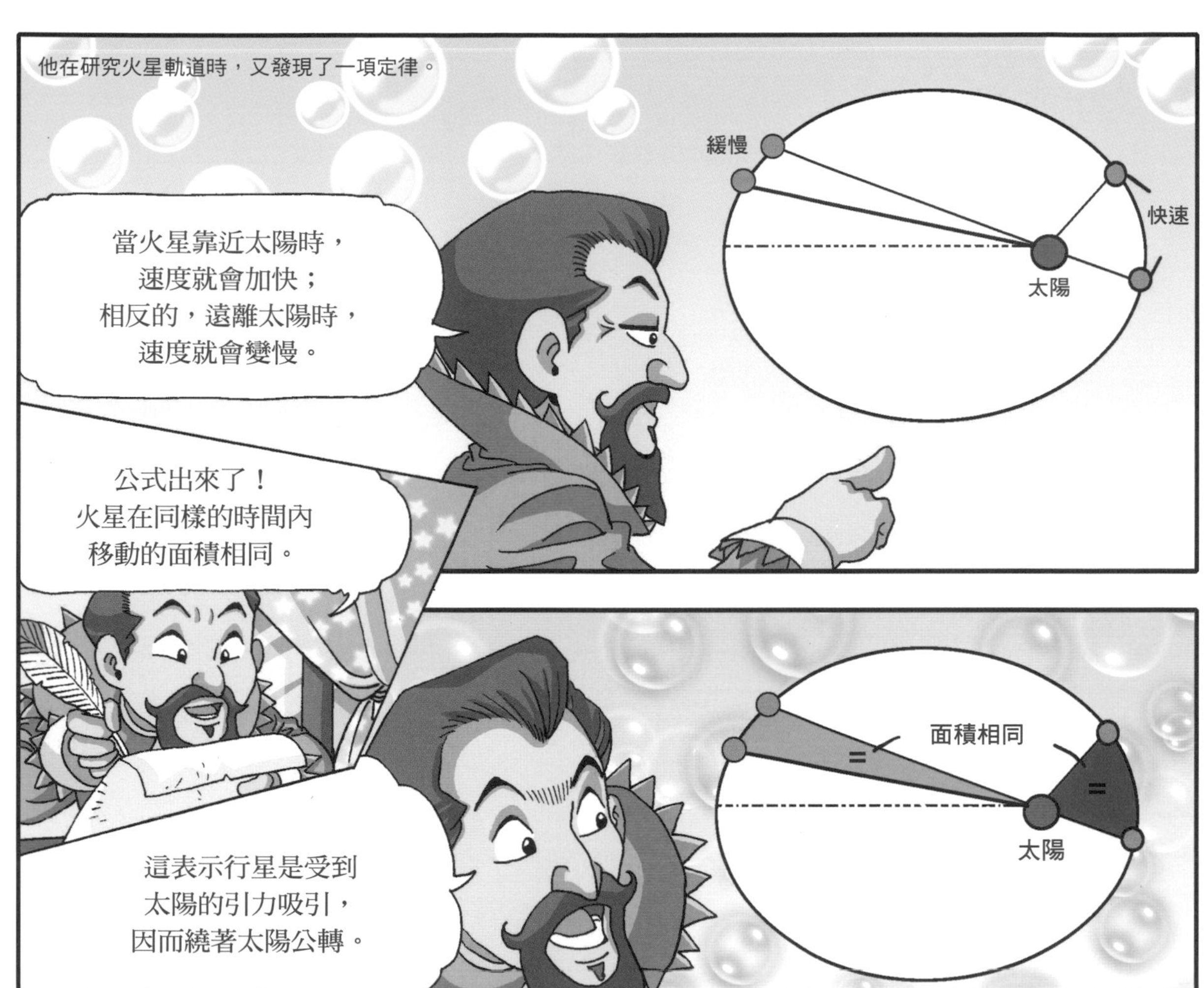
他在研究火星軌道時，又發現了一項定律。
緩慢
快速
太陽
當火星靠近太陽時，速度就會加快；相反的，遠離太陽時，速度就會變慢。
公式出來了！火星在同樣的時間內移動的面積相同。
面積相同
太陽
這表示行星是受到太陽的引力吸引，因而繞著太陽公轉。

克卜勒定律之所以了不起，就在於使用簡單的圖形和算式來表現行星的公轉軌道。
而且，它打破了當時認為行星是沿著圓形軌道運行的刻板觀念，具有劃時代的意義。
雖然我生前不知道，不過這項定律後來大大幫助了牛頓發現萬有引力喔。
T
R
R＝ 橢圓軌道的長軸半徑
T＝ 行星的公轉週期
T²＝KR³
（K為比例常數）
〈諧和定律〉
行星
太陽
〈橢圓軌道定律〉
6個月
6個月
〈等面積速率定律〉

▼哥白尼 Nicolaus Copernicus

波蘭天文學家，主張地動說，此為科學革命的開端。他的著作《天體運行論》指出地球不再是宇宙的中心。

▼格里曆 Gregory曆

教宗額我略十三世為了修正儒略曆所產生的誤差而製作的太陽曆。今日，幾乎所有國家都採用此曆法。

18 想法能改變世界

1543年
哥白尼的地動說

19 以月曆得知正確的時間

西元前46年～西元1582年
從儒略曆到格里曆

改變世界的科學家們 3

1600年
磁鐵的研究

1609年
克卜勒定律

25 全新宇宙論的登場

24 地球是一個巨大的磁鐵

▲克卜勒 Johannes Kepler

德國天文學家。他觀測火星，發現火星是以太陽為中心，沿著橢圓形軌道運行，另外也發現了有關行星運動的克卜勒定律。

▲吉爾伯特 William Gilbert

英國醫生、物理學家，被稱為「電磁學之父」。他發現地球本身就是一個磁鐵，揭開了指針會指向南北的原因。

▼ **布拉赫** Tycho Brahe

丹麥天文學家，在仙后座發現新星並進行觀測。觀測到1577年出現的彗星，印證了彗星並非地球大氣層裡的現象，而是天體。

▼ **雷文霍克** Anton van Leeuwenhoek

荷蘭博物學家，最早使用物鏡和凹透鏡製作出顯微鏡來進行觀察，並發現世界上有用肉眼無法觀察的生物存在。

20 未知的宇宙出現了

21 看見看不見的世界

1577年
超新星與彗星的發現

1590年
顯微鏡的發明

1593年
溫度計的製作

1590年
伽利略的自由落體運動

23 用數字得知冷與熱

22 從比薩斜塔丟下來的戰帖

▲ **伽利略** Galileo Galilei

義大利天文學家、物理學家、數學家，發現單擺的等時性，支持地動說。他透過實驗，證明亞里斯多德的主張「物體掉落的速度和重量成正比」有誤。

26

1610年｜製作天體望遠鏡

「儘管如此，地球依然在轉動。」

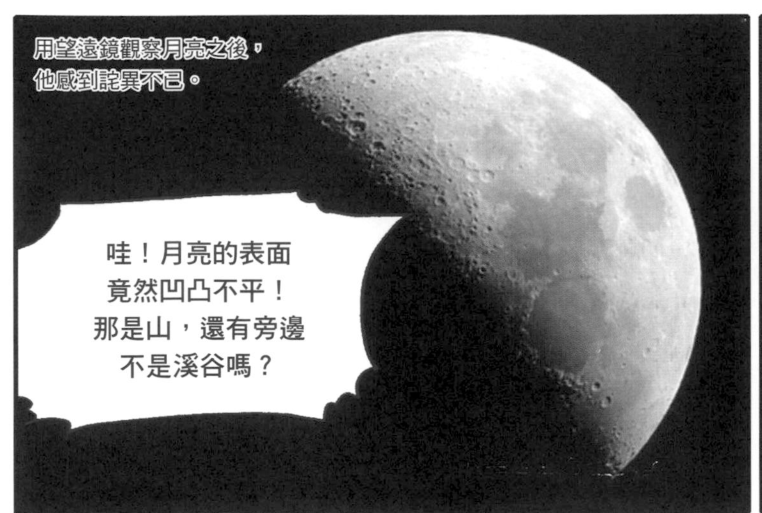
用望遠鏡觀察月亮之後，
他感到詫異不已。
哇！月亮的表面
竟然凹凸不平！
那是山，還有旁邊
不是溪谷嗎？

那麼太陽
又長什麼樣子呢？

啊，好刺眼！

沒辦法用肉眼
直視太陽。

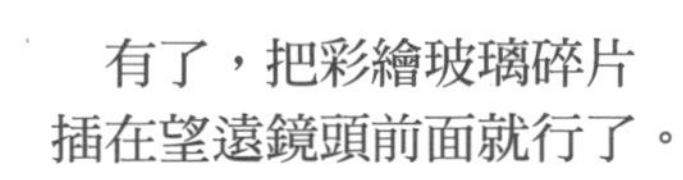
有了，把彩繪玻璃碎片
插在望遠鏡頭前面就行了。

他雖然發現了太陽的黑點，
但可能也是因為這樣，老年時他失明了。
原本以為
完美無缺的太陽
竟然有黑點……

有一天，他在研究金星時，
有了一個重大發現。
咦？金星也像月亮一樣，
形狀會改變？

在地球上看到了
陽光反射在
金星上的樣子……
太陽
陽光
金星
陽光
地球

他仔細觀察金星後，
發現了與月亮不同的
特徵。

滿月的時候，
金星看起來又小又暗，
相反的，新月時的形狀
看起來最大也最亮。

為什麼會這樣呢？

啊！該不會是因為
金星繞著太陽運轉？

假如金星位於
比地球更內側的位置，
這樣就說得通了。
太陽
金星
地球

金星在新月時
與地球的距離很近，
所以看起來很大。
滿月的時候，
金星和地球的距離很遠，
所以看起來很小。
太陽
金星
地球

金星的衛星變化是一項重要的證據，
證明了哥白尼的地動說是正確的。
假如沒有望遠鏡的話，
就不會知道金星也會
像月亮一樣變化，
大小也會改變。

是啊，假如沒有
望遠鏡的話，
就很難證明
天動說是錯誤的。
望遠鏡讓天文學
向前邁進了一大步呢。

但是，他作夢也沒想到，
自己的研究會惹教會不高興。
竟然說地球繞著太陽轉動，
快把說出這種異端言論的
伽利略處以火刑！
我只是揭開事實罷了！
我無法為了宗教而說謊！

因為否定天動說，他被判死刑。
肅靜！伽利略．伽利萊
因褻瀆宗教，
決定判處死刑。
什麼！

幸虧在教宗的幫助之下，伽利略推翻自己說的話而免於一死。
我說的話是錯的，
是太陽繞著地球轉動。
既然你已為
自己的罪懺悔，
那就關進牢裡。
※咚咚

伽利略走出法庭時，如此喃喃自語：
「儘管如此，
地球依然在轉動。」

之後，伽利略到臨死之前，
都受到教會的監視。
但是，他絕對不會
放棄探求真理。

27

1628年｜血液循環的原理

開啟生物學的全新篇章

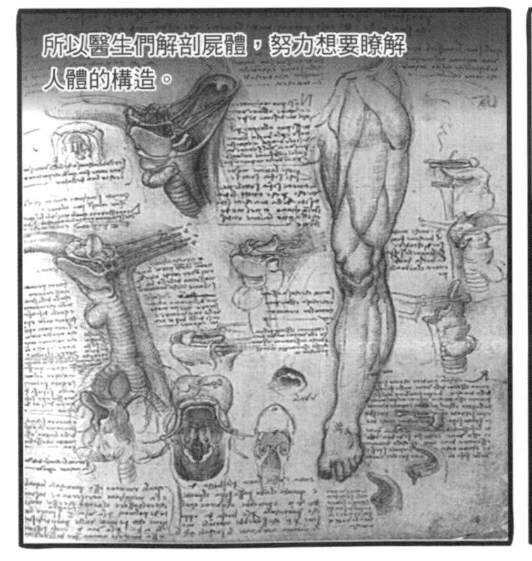

在威廉・哈維的研究下，生理學就這麼誕生了。
生理學是研究人體會產生什麼作用，以及具有什麼關聯性的領域。
생리학

※生理學

哈維是在義大利知名的帕多瓦大學學習解剖學。

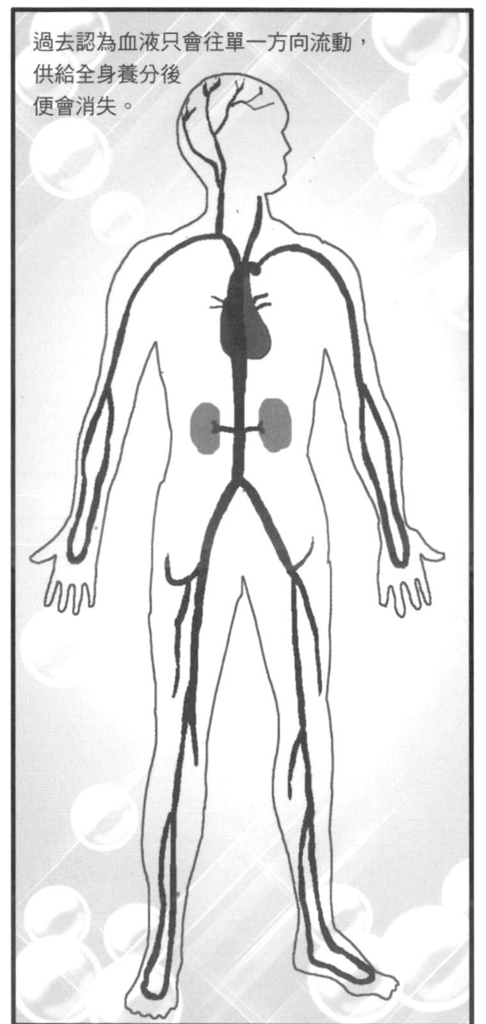
過去認為血液只會往單一方向流動，供給全身養分後便會消失。

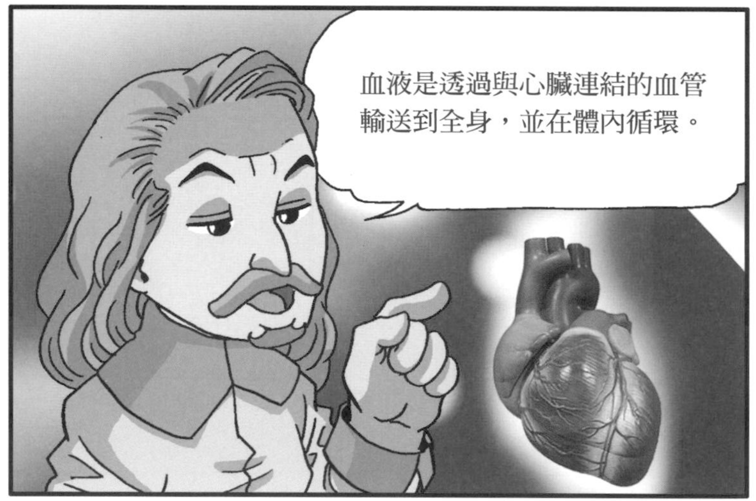
血液是透過與心臟連結的血管輸送到全身，並在體內循環。

為了尋找證據，哈維解剖了無數動物來做研究。
經過解剖動物的結果，我發現心臟收縮時會輸出血液，動脈也會跳動。

這就是心臟輸出血液，
而不是吸收血液的證據。

那麼，心臟又是從哪邊
帶來這些血液的呢？

假設脈搏跳動一次會輸出
大約7g的血液，
脈搏1分鐘會跳動
40～100次，
所以平均是……

需要我幫您計算嗎？
嗯，
能幫我一下嗎？

假設脈搏1分鐘
跳動50次好了，
1小時就跳動3000次。
❶1分鐘＝50次
❷3000×0.007=21kg
❸21×24小時=504kg
乘以0.007kg就有21kg，
1天就是504kg
人類不可能
在1天內又重新製造出
504kg的血液啊！

嗯……那人體是怎麼
供給血液的呢？

※轉來轉去

啊！如果是像圓一樣
繞來繞去呢？

假如血液是先輸送到全身，
之後再回到心臟，
這個計算就沒有錯了。

所以，哈維透過
動脈與靜脈之間的關係，
主張血液會在體內循環。
動脈與靜脈？

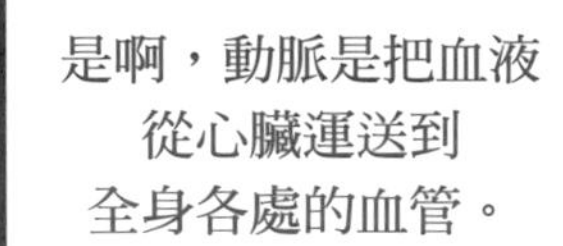
是啊，動脈是把血液
從心臟運送到
全身各處的血管。

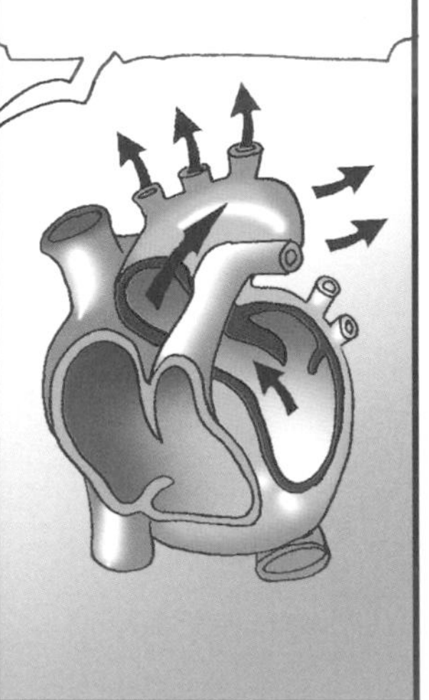

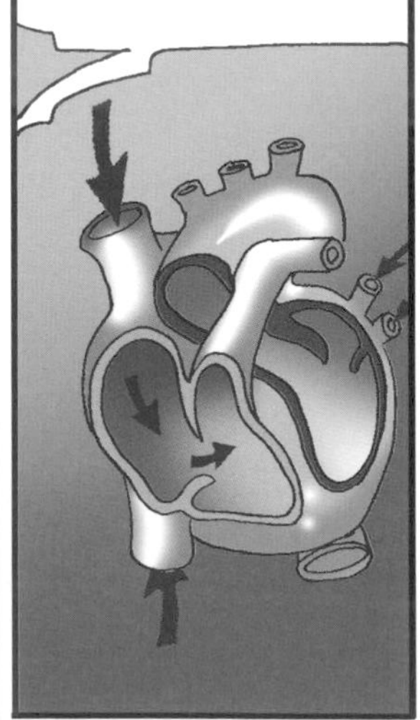
靜脈與動脈相反，
是把血液從全身
運送回心臟的血管。

心臟會用力將血液打出去，而這股力量也會使全身的血液重新回到心臟。

只不過，他沒查明血液是不是會從動脈運送到靜脈的。
後來，馬爾皮吉利用顯微鏡觀察微血管的構造，解決了這個問題。
微血管是什麼？

微血管是非常細微的通道，用來聯繫動脈與靜脈。
不管是動脈或靜脈，對我們來說都是很寬敞的通道。
動脈

相反的，微血管很狹窄，像我們這樣的紅血球，也只能勉強通過。
微血管

靜脈
動脈
我們會透過微血管，從動脈移動到靜脈。

透過血液循環說，人們瞭解了有關生物的詳細構造，生物學也變得更加進步。

尋找肉眼看不到的空氣原理

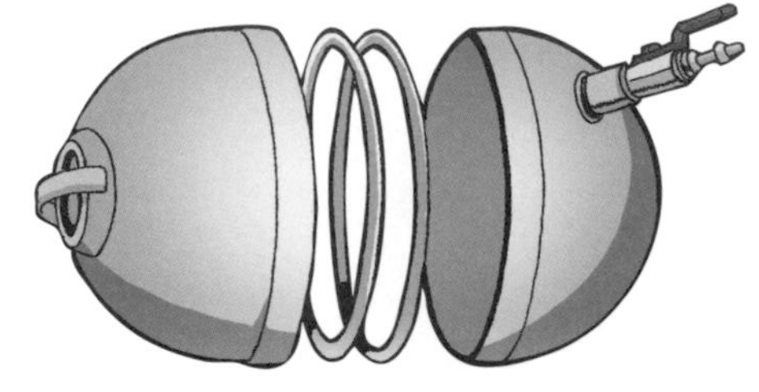

真空指的是完全沒有
物質存在的空間，
就連空氣也沒有。
真 真正
空 中空

從前的人認為不可能會有真空狀態。
漲潮與退潮的發生是
受到月亮的力量影響。
可是假如月亮和地球
之間什麼都沒有，
究竟月亮要怎麼
對地球使力呢？

因此地球與月亮之間，
不可能會有真空存在！

伽利略的弟子托里切利，
對這種主張產生了疑問。
就由我來親自證明
真空的存在。

在1m的玻璃試管中
裝滿水銀之後……
水銀

把玻璃試管倒放進
裝了水銀的桶子，
避免空氣跑進去！

這邊產生的空隙
就是真空！

托里切利的實驗相當創新，而且非常簡單，
很快就在科學家之間傳開。
哇，原來真空
是這麼回事啊！
我也來
實驗看看？

馮・格里克使用2個直徑約35cm的
銅製半圓球進行實驗。
既然空氣全部都
抽出來了，球內
應該是真空狀態。

嘿咻嘿咻
拉繩子！
嘿呦嘿呦

※砰

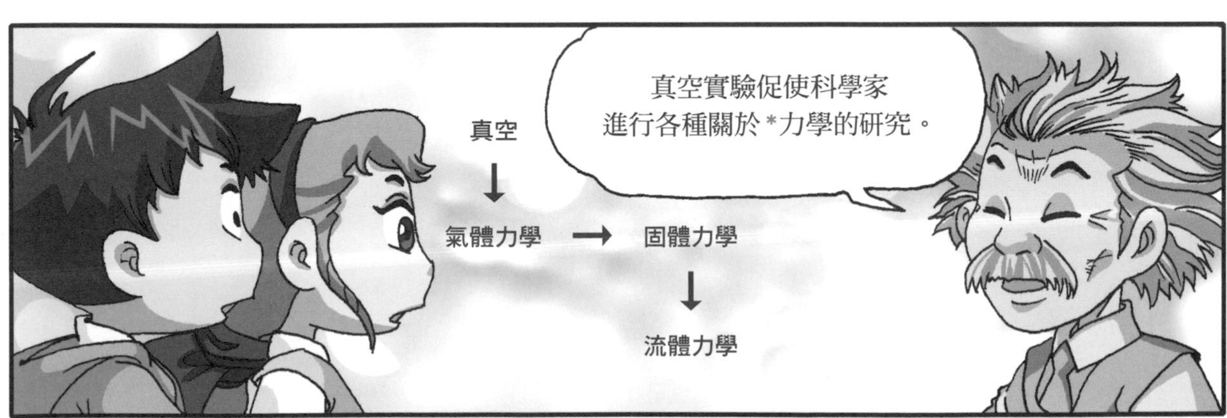

*力學：研究關於物體運動法則的學問。

29

1653年｜帕斯卡原理

理解流體的性質

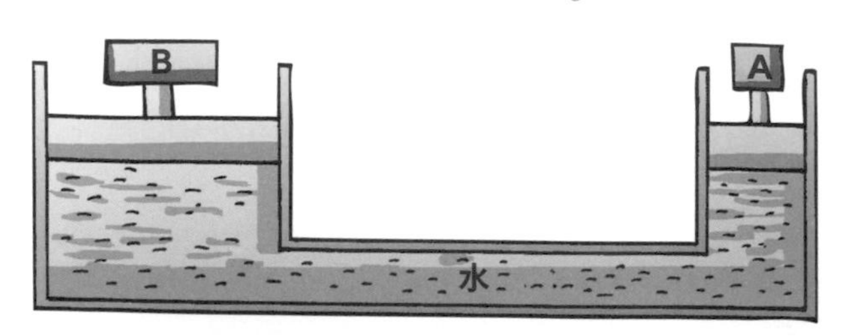

※噗嗚嗚嗚

※踩

※嘰伊伊

帕斯卡原理？
是啊。

布萊茲．帕斯卡雖然是一名哲學家，
同時也精通各種學問。
咳
咳
咳
咳
수학 물리학 철학 신학

※數學　※物理學　※哲學　※神學

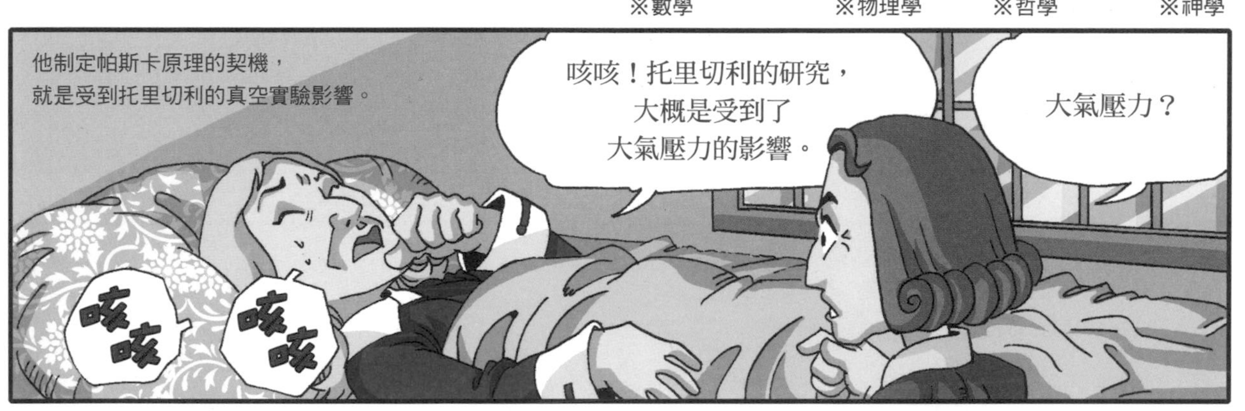
他制定帕斯卡原理的契機，
就是受到托里切利的真空實驗影響。
咳咳
咳咳
咳咳！托里切利的研究，
大概是受到了
大氣壓力的影響。
大氣壓力？

是啊，雖然平常感覺不到，
不過空氣也有非常輕微的重量，
空氣的重量會對周圍施加壓力，
這就叫做「大氣壓力」。
空氣
空氣
空氣
空氣
空氣
空氣
空氣
空氣
空氣

怎麼樣？
聽起來很有趣吧？
我必須麻煩你幫我個忙。
好啊。

你可以到半山腰和山頂上
替我進行托里切利的實驗嗎？
目的地
出發地

帕斯卡的小舅子上山去進行了實驗。
這裡測出來是
67cm。
半山腰
水銀

呼呼！哎喲，
好累啊。

啊！這裡測出來是
59cm！
山頂

我的想法果然沒錯。
咦？

試管的水銀高度之所以不同，
是因為大氣壓力隨著高度上升
而產生遞減。
什麼意思啊……

山下的大氣壓力較大，
所以試管的水銀高度
會因為大氣壓力而變高。
空氣的壓力大
水銀

而越往山上爬，
大氣壓力會越來越小，
因此試管的水銀高度
就會逐漸變低。
啊哈，
原來如此。
空氣的壓力小
半山腰
山頂

帕斯卡定義的大氣壓，對於測量氣象
帶來很大的幫助。

最後，他提出了「帕斯卡原理」。
作用於密閉*流體上的
壓力可維持原來的大小，
經由流體傳到容器各部分。

*流體：氣體與液體的合稱。

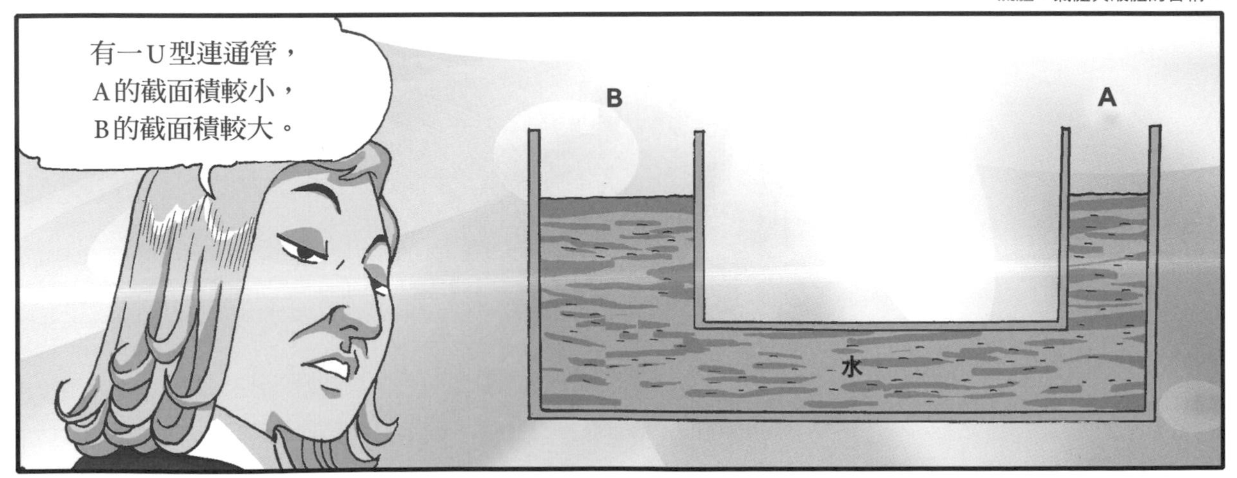
有一U型連通管，
A的截面積較小，
B的截面積較大。
B
A
水

在裡面裝入水後，
用可自由移動的
活塞堵住。
B
A
水

在A的活塞上擺放1kg的秤錘，
就會把同等的壓力傳到水的每一處。
B
1kg
A
水

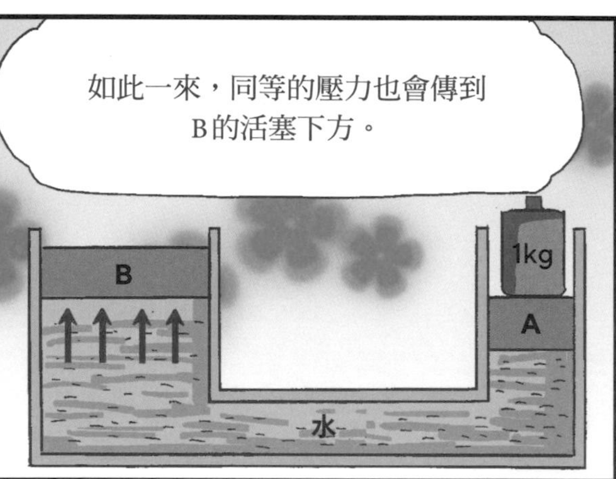
如此一來，同等的壓力也會傳到
B的活塞下方。
B
1kg
A
水

但是B的截面積是A的10倍，
所以B受到的壓力就是
1kg的10倍，也就是10kg。

換句話說，因為對A活塞施加壓力，
當A活塞往下降的時候，
承受這股壓力的B活塞就會往上升。
B
1kg
A
10kg
水

如此一來，微弱的力量
便能轉變成強大的力量，
連沉重的東西都可以抬起。

※踩
帕斯卡提出的這個原理，
今日被應用在汽車剎車系統
等方面。

因為帕斯卡理解了
流體的性質，
才會出現這項發明。
所以汽車才能這麼輕易
就停住啊。

初次發明汽車時，因為沒有剎車，
所以經常發生意外。
車停不下來！
誰來幫我
停下車子！
真的嗎？
是啊。假如沒有剎車，
搞不好汽車就會
變成無用之物，
哈哈哈。

1661年｜波以耳定律

開啟近代
化學之門

當溫度一定時，氣體的體積會與壓力成反比。

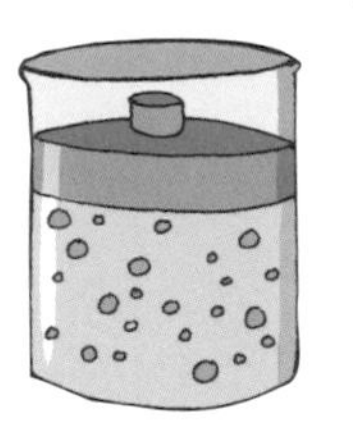

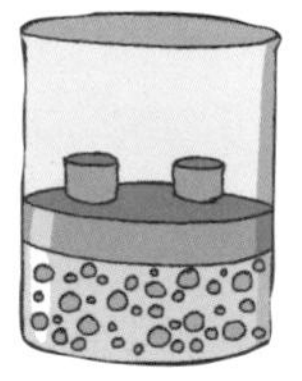

※叮鈴鈴鈴鈴鈴……

在真空狀態下，
是聽不到聲音的。
是啊，博士，這真是個
偉大的發現啊。

那麼，這根蠟燭會變成
什麼樣子呢？

我還發現了在真空狀態下，
任何物質都無法燃燒的事實！
啪
※熄滅

波以耳也由此得知，空氣對生物的
生存來說很重要。
這個小生物也無法
在真空狀態下生存。
空……空氣
不足……

對需要呼吸的生物來說，
空氣是絕對必要的。
呼！

波以耳也進行了伽利略的自由落體實驗。
讓羽毛和鐵球同時在空氣中落下，羽毛會受到空氣阻力所以掉得很慢。

但是，如果讓它們在真空狀態的玻璃管內落下呢？
真空
真空

果然如我所想，同時掉下來了。
這證明了伽利略的自由落體運動是對的。
※咻

他持續進行研究，並發現了一個非常重要的定律。
空氣是會進行不規則運動的小粒子。
您為什麼這麼想呢？
空氣
空氣
空氣
空氣

這個玻璃瓶中裝有空氣。
我用塞子塞住，讓空氣無法跑出來，但可以自由移動。
空氣

然後，如果在塞子上擺放
很重的秤錘，使壓力變成2倍，
空氣的體積就會縮減成一半。
空氣
空氣

如果繼續施加更大的壓力，
空氣的體積就會再減為一半。
空氣
空氣

這代表在形狀不規則的
空氣粒子之間
還存在很多空間。

啊哈！所以空氣的體積
會因為壓力而減少。
如果在液體或固體上
擺放秤錘施加壓力，
也不會像空氣一樣減少。

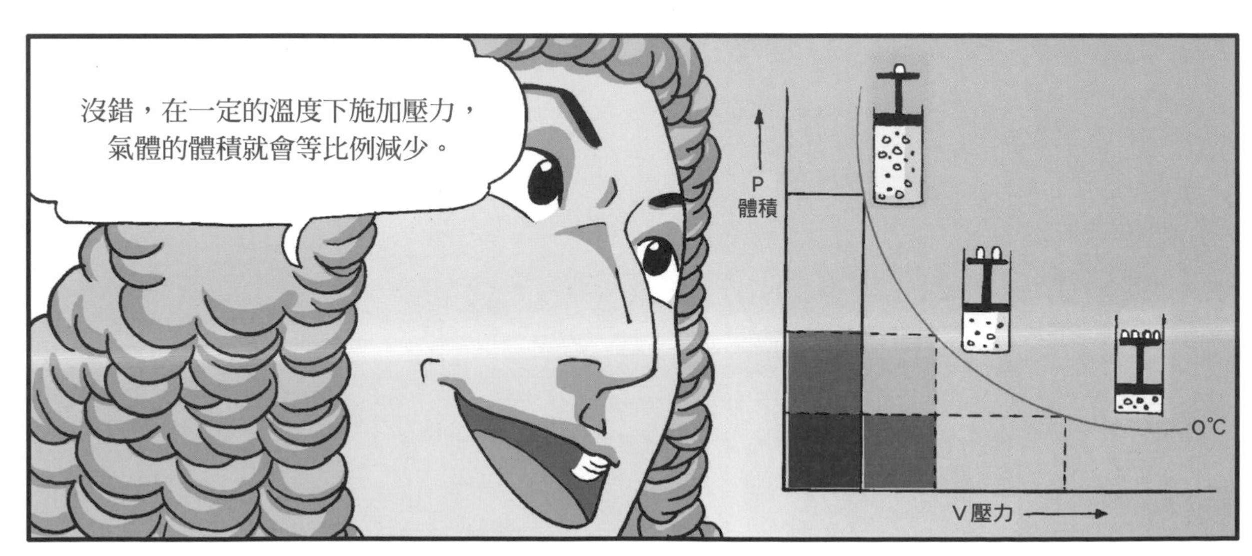
沒錯，在一定的溫度下施加壓力，
氣體的體積就會等比例減少。
P
體積
V壓力
0℃

做完實驗之後，他在學會上發表了「波以耳定律」。
透過實驗結果可以得知空氣是微小粒子，也就是由原子構成的。

波以耳定律提出了現代原子論的概念。
※議論紛紛
웅성웅성

但他的基礎粒子說並不完整，所以沒有成功說服大家。
不過，至少指出四元素說是錯誤的，這樣就夠了。

他透過這項實驗做出完美的活塞，後代的蒸汽機和內燃機均運用了這項基本原理。

原來透過實驗製作的物品，促進了科學的全新發展。
就是說啊。

31

1665年 | 細胞的發現

構成所有**生命體**的那個東西！

羅伯特·虎克對這個想法提出了指正。
虎克，你製作的顯微鏡怎麼樣了？
啊，快完成了。

虎克具有能親自設計、製作顯微鏡的精湛手藝。
終於完成了！
目鏡
燈
裝水的燒瓶
鏡筒
調節輪
物鏡
觀察對象固定裝置
他的顯微鏡就算與現今的光學顯微鏡相比也毫不遜色。
嗯，要拿來觀察什麼東西好呢？
來觀察那個木栓的內部好了。

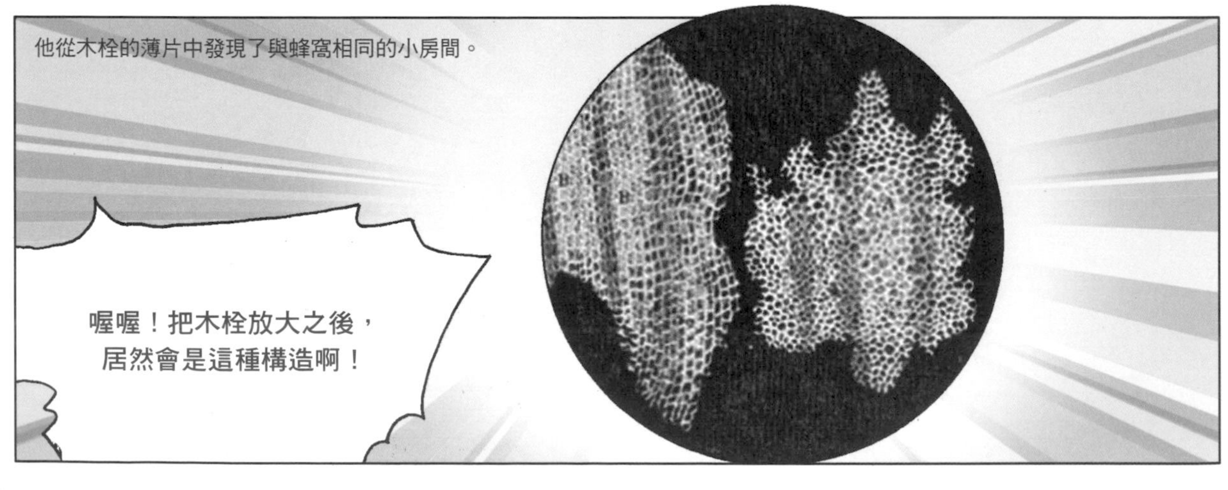
他從木栓的薄片中發現了與蜂窩相同的小房間。
喔喔！把木栓放大之後，居然會是這種構造啊！

*細胞（cell）：拉丁語，意思是「小房間」，為構成生物體的基本單位。

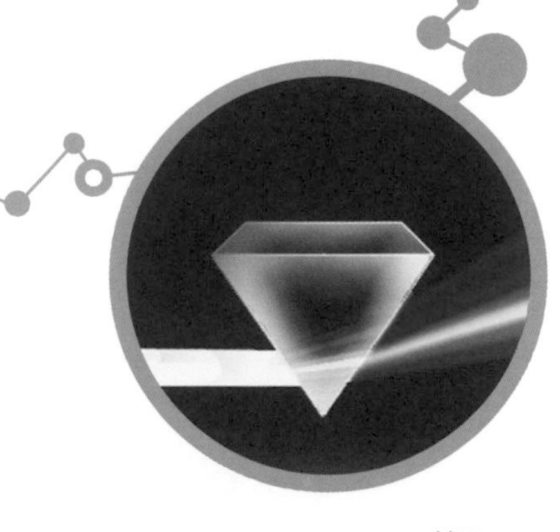

32

1678年｜光的波動說

光是波動？還是粒子？

※拉開

*光源：散發光芒的物體或工具。

古希臘時代的假說
大部分不都是錯誤的嗎？
那麼，粒子說應該也
不對……
不會每次
都錯啦！

不過，我還是覺得
粒子說不正確。
那妳認為是什麼？

這個嘛，光不是會往
四面八方擴散嗎？
就像把石頭丟進水中，
水波會以同心圓
往外擴散。

沒錯，就像寶拉所說的，
反對粒子說的主張，
就叫做光的波動說。
我惠更斯就是主張
光是一種波動。

這個理論認為光並非直線前進，
而會像水波一樣振動，
向四面八方擴散。
풍당
※撲通

我聽得懂
光會移動的部分，
不過光的色彩
是怎麼表現
出來的呢？

顏色有固定的波長？
這個問題問得很好，
每個顏色都具有
固定的波長。

沒錯，就像寶拉說的，
把石頭丟進水中，
水波會上下振動並擴散開來，
這個就叫做波動。

從側面來看的話，
就會變成這樣。

波長指的是水從
最上方移動到下方，
接著重新回到
最上方的週期。
波長
振幅

顏色會隨著波長的長度
與振幅的大小而不同。

光擁有包含
固定波長的所有顏色。
啊！
那是我的！
※咻
※叩

因此，光透過稜鏡
所產生的現象，
就是波長的差異造成的。
這怎麼可能！

光是一種
粒子！
才不是！
光是一種波動！

牛頓的粒子說與惠更斯的波動說，關於這場爭論似乎是牛頓獲勝了。
一定是牛頓說對了。
為什麼？因為他是比惠更斯
更有名的科學家啊。
沒錯。
嗚，竟然
因為名聲
而輸了……

但是後代的科學家都擁護光的波動說。
什……什麼！

可惡
好了，你們別再吵了。
哼！

嗯嗯，這跟我的光量子說有關，不過以後再說吧。

直到進入20世紀，光是粒子還是波動的爭論依然持續著。
後來，又出現了光是粒子也是波動的雙重性質理論。

哇！好期待博士說的故事喔。
我也是。

蘋果掉落之後，古典力學的名聲遠播

博士，不想給我就直說嘛。

抱歉，因為這是一顆非常重要的蘋果。

*鼠疫：鼠疫桿菌引起的急性傳染病。

雖然蘋果的掉落不足為奇，但卻成了牛頓非常重要的研究主題。

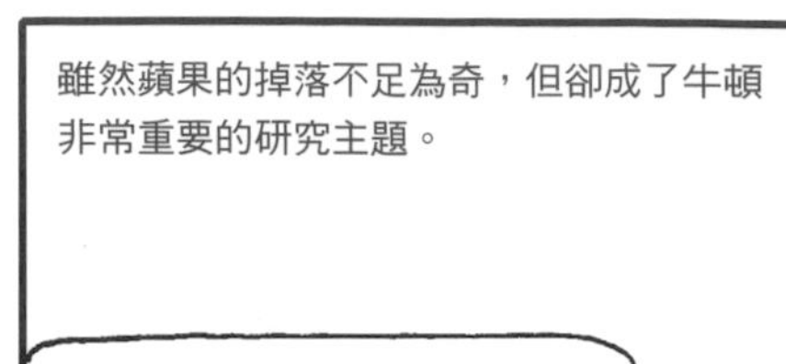

他擴大思考的範圍，發現星星也適用萬有引力。
這好像可以寫成公式。
$F=G\frac{mm'}{r^2}$

牛頓將他的想法寫成了《自然哲學之數學原理》這本書。
自然哲學之數學原理

《自然哲學之數學原理》寫有牛頓的三大運動定律。

第一定律！施加於某物體的外力為零時，物體會靜止或是維持目前的運動狀態。

把不倒翁放在推車上，然後推動推車，不倒翁會先往後倒，接著回到原來的位置。
這是因為身體想保持原狀，推車卻持續往前行進的緣故。
※晃動

相反的，如果停下推車，
不倒翁就會往前倒。
這是因為推車想要停下來，
不倒翁卻持續往前動，
所以才會發生這個現象。

※嘰伊

※砰

我搭公車時，
也碰過這種狀況。
這就叫做
慣性定律。

第二定律：加速度定律
當物體受外力作用時，會在力的方向
產生加速度，其大小與外力成正比，
與質量成反比。
第二定律也叫做
「加速度定律」。

加速度指的是物體
受到某種作用力之後，
速度產生變化。
※咻

用力推推車的話，
推車就會朝施力的
方向移動。
1倍力量
1Kg
加速度1倍

再更用力一點推，
加速度也會等比例增加。
2倍力量
1Kg
加速度2倍

※砰

相反的，推動的力量相同，
當放在上面的物體質量
變大時，加速度就會降低。
1倍力量
1Kg 1Kg
加速度1/2倍
1倍力量
1Kg 1Kg 1Kg
加速度1/3倍

啊哈！原來加速度會隨著
移動的物體質量和推動的
力量不同而改變。
沒錯。
1Kg 1Kg

第三定律是「作用
與反作用定律」。

放在平坦地面上的球
是絕對不會移動的，
因為沒有任何力作用於球上，
所以球不會移動。

看到東西不會動
並不會多想，但聽完後
好像真的是這樣耶。
所以必須想成：
當兩物體相互作用時，
力必然會成雙成對地出現。
B
A
※喀哩哩
※叩

換句話說，
力是兩個物體
之間的相互作用。
B
A

像這樣，物體B對物體A
施加力量時，
A也會同時給予B
相同大小，
但方向相反的力量。
m1
m2
-F
F

這就叫做作用
與反作用力。
牛頓發現
萬有引力後，
古典力學從此在
科學史上聲名遠播。

這顆美味的蘋果
竟然開啟了科學史的新時代，
真是了不起。
啊！！
牛頓的蘋果！！！

34

1705年｜哈雷彗星

觀測彗星的軌道

從前的人認為，彗星是顆不吉利的星星。
啊！那顆有長尾巴的星星是什麼？
我們國家要發生不好的事了嗎？

為什麼會那樣想呢？我覺得很漂亮啊……
大家會那樣想，也不是沒有道理。

用肉眼觀察的時候，只會看到彗星突然出現，不久後又消失。
因此大家很自然就認為，一定是和當時的情況有關。

布拉赫發現，彗星是太陽系的成員之一。
大家的視力真差，還說彗星是氣團，嘖嘖。

但是，他並不知道彗星會繞著太陽運轉。

觀測彗星，
並發現這個事實的人
就是愛德蒙·哈雷。

哈雷在1682年發現了一顆彗星。
來了！
彗星來了！

他利用朋友牛頓的萬有引力理論，
研究彗星的軌道。
嗯……這顆彗星繞著太陽
運轉的時間是這樣，所以
這顆彗星的週期是76年。

1682年經過地球的
這顆彗星，在1531年、
1607年也曾出現過！

往後這顆彗星會在
76年後的1758年
再次出現。
真的嗎？
難說喔。
不是要到1758年
才知道嗎？

確實如哈雷所說，彗星在1758年出現了。
彗星真的出現了。

76年，彗星的軌道週期好長喔。
還有軌道週期超過數百萬年的彗星呢。

數百萬年？!
天啊！還有那種彗星嗎？

彗星分成軌道短的短週期彗星，以及軌道長的長週期彗星。
地球
長週期彗星
短週期彗星
太陽

在200年以內繞完太陽一圈的彗星，稱為短週期彗星。
地球
長週期彗星
短週期彗星
太陽

長週期彗星指的就是
要花200年到數千年以上，
才能繞完太陽一圈的彗星。
海爾-博普彗星
彗星的軌道週期2533年
想要見到長週期彗星，
就得等上好幾個世代了。
威斯特彗星1976年發現
軌道週期55萬8300年
此外，還有經過
太陽之後就不再回來，
或不知道何時會再來的
非週期彗星。
55萬……哇……
哇啊！
天文學家為了紀念這件事，
用第一個發現彗星的人
的姓氏來替彗星命名。
哈雷彗星
到目前為止，我們學習了
古代到近代初期的科學史，
你們覺得怎麼樣？
超級超級有趣！
下一本還會講述比現在
更有趣、好玩的故事喔。
好想趕快聽到
科學史的故事喔！
我也是！
第二冊待續！

▼**哈維** William Harvey

英國醫學家、生理學家，
測量心跳數計算出流動的血液量，
主張心臟跳動促使全身的血液循環流動。

26
「儘管如此，
地球依然在轉動。」

27
開啟生物學的
全新篇章

1610年
製作天體望遠鏡

1628年
血液循環的原理

改變世界的科學家們 4

1687年
牛頓的萬有引力

1705年
哈雷彗星

1678年
光的波動說

34
觀測
彗星的
軌道

33
蘋果掉落之後，
古典力學的
名聲遠播

32
光是波動？
還是粒子？

▲**哈雷** Edmund Halley

英國天文學家，發現了以76年
為週期的彗星（哈雷彗星），
並預言它下次出現的時間。

▲**牛頓** Isaac Newton

英國物理學家、天文學家、數學家，在其著作
《自然哲學之數學原理》中發表了萬有引力的原理、
牛頓運動定律（慣性定律、加速度定律、作用與反作用定律）。

▼托里切利 Evangelista Torricelli

義大利數學家、物理學家，
在使用玻璃試管與水銀的實驗中發現了真空，
並用此來解釋大氣壓力現象。

▼帕斯卡 Blaise Pascal

法國數學家、物理學家、哲學家，他發現了將液體
放入密閉容器後，對其中一部分施加壓力時，
壓力會傳至整體的「帕斯卡原理」。

28 尋找肉眼看不到的空氣原理

1643年
真空的發現

29 理解流體的性質

1653年
帕斯卡原理

1665年
細胞的發現

1661年
波以耳定律

31 構成所有生命體的那個東西！

30 開啟近代化學之門

▲虎克 Robert Hooke

英國化學家、物理學家、天文學家，
以親自製作的顯微鏡觀察木栓屑，
發現了細胞，將它命名為「cell」。

▲波以耳 Robert Boyle

英國化學家、物理學家，他發現了
在一定的溫度中，氣體的壓力與體積
成反比的「波以耳定律」。

出發吧！科學冒險 1

從舊石器時代到觀測彗星的飛躍科學史

2020年11月1日初版第一刷發行

作　　者　金泰寬、林亨旭
繪　　者　文平潤
監　　修　鄭聖憲（韓國科學教師會會長）
譯　　者　簡郁璇
副 主 編　陳正芳
美術編輯　黃瀞瑢
發 行 人　南部裕
發 行 所　台灣東販股份有限公司
＜地址＞台北市南京東路4段130號2F-1
＜電話＞（02）2577-8878
＜傳真＞（02）2577-8896
＜網址＞http://www.tohan.com.tw
郵撥帳號　1405049-4
法律顧問　蕭雄淋律師
總 經 銷　聯合發行股份有限公司
＜電話＞（02）2917-8022

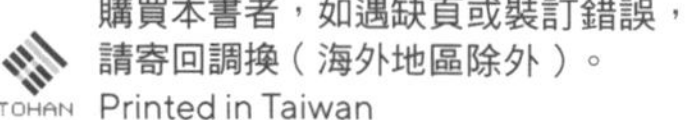

國家圖書館出版品預行編目（CIP）資料

出發吧！科學冒險. 1：從舊石器時代到觀測彗星的飛躍科學史 / 金泰寬, 林亨旭撰文; 文平潤繪圖; 簡郁璇譯. -- 初版. -- 臺北市 : 臺灣東販, 2020.11
202面 ; 18.8×25.7公分
譯自 : 과학사 100장면.1: 불의 발견부터 혜성 관측
ISBN 978-986-511-497-8 (平裝)

1.科學 2.歷史 3.漫畫 4.通俗作品

307.9　　109014937

東販趣味世界大探索系列

帶領孩子進入科學、哲學等浩瀚世界盡情探險！

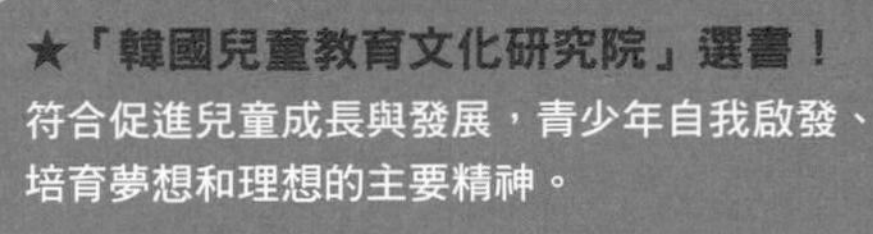

★「韓國兒童教育文化研究院」選書！

符合促進兒童成長與發展，青少年自我啟發、培育夢想和理想的主要精神。

★漫畫圖解哲學的起源與發展

以漫畫圖解方式呈現，只記載重點、正確的知識與背景，更容易融會貫通！

乘著時光機，回到哲學誕生的那一天！

越讀越有趣！發掘西洋哲學的知識與奧祕！

出發吧！哲學時空旅行 1

從泰利斯到尼采，改變世界的思想是如何誕生的？

本書講述了50位古代、近代、現代赫赫有名的西方哲學家們的思想。
以漫畫形式構成，容易感到困難的哲學概念一下子變得生動有趣！
不知不覺中理解哲學的起源與趨勢變化！

預計2020年11月出版，敬請期待！

歡迎洽詢訂購 http://www.tohan.com.tw/

戶名：台灣東販股份有限公司　郵撥帳號1405049-4
地址：台北市南京東路4段130號2F-1　TEL／(02)2577-8878